B端产品设计精髓

从0到1构建企业级的数智化产品

蒋颢 高强 于淼 刘璇 著

电子工业出版社
Publishing House of Electronics Industry
北京·BEIJING

内 容 简 介

本书以B端产品设计的标准流程为核心结构,全面介绍如何从0到1构建企业级的数智化产品,共分为4部分。第1部分重点介绍了B端产品的用户、客户与产品等,还介绍了其独有的特征,这也是把产品做成功的关键。第2部分讲解从业务需求到设计,通过场景化的方法,结合原型设计,把需求更为可视化地表达出来,并不断地通过用户进行验证,来不断地完善和驱动设计。第3部分是经典的B端设计模式介绍,总结和提炼了很多固化的设计模式,可以直接引用。第4部分以人工智能的视角,介绍智能服务的设计探索,具有很强的前沿性和拓展性。

本书的核心读者:刚入门或者工作几年的B端产品设计师、产品经理,以及刚刚进入B端领域的人。

未经许可,不得以任何方式复制或抄袭本书之部分或全部内容。
版权所有,侵权必究。

图书在版编目(CIP)数据

B端产品设计精髓:从0到1构建企业级的数智化产品/
蒋颢等著. —北京:电子工业出版社,2020.5
ISBN 978-7-121-38638-1

Ⅰ. ①B… Ⅱ. ①蒋… Ⅲ. ①产品设计 Ⅳ. ①TB472

中国版本图书馆CIP数据核字(2020)第035164号

责任编辑:陈　林
印　　刷:北京天宇星印刷厂
装　　订:北京天宇星印刷厂
出版发行:电子工业出版社
　　　　　北京市海淀区万寿路173信箱　邮编:100036
开　　本:720×1000　1/16　印张:13　字数:208千字
版　　次:2020年5月第1版
印　　次:2023年4月第6次印刷
定　　价:69.00元

凡所购买电子工业出版社图书有缺损问题,请向购买书店调换。若书店售缺,请与本社发行部联系,联系及邮购电话:(010)88254888,88258888。
质量投诉请发邮件至zlts@phei.com.cn,盗版侵权举报请发邮件至dbqq@phei.com.cn。
本书咨询联系方式:(010)51260888-819,faq@phei.com.cn。

推荐序

近些年，随着国内经济的持续高速增长，企业的不断发展壮大，企业服务领域也越来越受到市场的重视和追捧，得到了空前发展。企业服务领域不同于个人消费领域，需要围绕企业的"降本增效"目标服务，需要对所服务的企业客户有着更为深刻的洞察与理解，需要与企业客户形成更紧密的合作与发展关系。三十多年来，从企业的财务电算化开始，到企业的全面信息化，再到以云计算、大数据、人工智能等为驱动的企业的数智化，用友一直以"用户之友"为根本，来服务好我们的每一家客户、每一个用户。

从软件到云服务，产品的业务模型不断升级，技术不断发展，唯一不变的则是"用户之友"这一"印刻"在企业名称与企业文化中的产品理念与原则。好的产品、好的"用户体验"则是对这个理念与原则最好的诠释与追求。

打造一个成功的、用户体验好的企业服务产品从来不是一件容易的事情，高度个性化的业务场景、千人千面的用户需求、不断变化的商业模式等，都会给产品设计带来很多挑战。蒋颢博士及其带领的产品用户体验团队，把用友近些年来所积累的一些设计经验与方法，尤其是数字化、智能化下新的云服务的设计实践，向同行们做一些分享与介绍，希望能给大家一些启示和帮助。同时，我们也将不断探索与创新，为我们的企业客户不断提供更好体验的产品与服务，助力中国的企业不断发展、壮大！

谢志华

用友集团执行副总裁，CTO

2020 年 5 月 北京

一本写给 B 端产品设计者的书

2019 年，在电子工业出版社的邀约下，我和几位同事（高强、于淼、刘璇）准备写一本关于 B 端产品设计的书。我们希望把产品设计的一些实践和思考分享给行业，可以为 B 端产品设计者提供些许参考，提供一些经验的总结，并共同促进 B 端产品的发展。

困局：最初的构想

我本人一直坚信，人工智能将极为深刻地影响 B 端产品的发展，最终将改变很多 B 端产品的基础形态。在人、系统之间无缝连接与整合以及社会化数据实时获取的基础上，工作中更多的执行过程将变得自动化，更多的决策过程也将变得智能化。在这种理念，甚至是一点执念的牵引下，我认为 B 端产品的设计逻辑也应该以人工智能为中心，甚至这个逻辑要凌驾于"以用户为中心"这一经典设计原则之上。

在写作的初期，一切看上去似乎都很顺利。在我们参与设计的云产品中，人工智能技术已经有了很多的落地场景和应用。具体到产品设计上，也有很多落地的成果和总结。但是，很快我们便遇到了写作上的瓶颈。一些具体的智能场景比较好总结，也可以提炼一些设计方法，但都是碎片化的，很难系统地串起一个完整的产品设计架构。我们也很难描述出一个完整的实践闭环作为支撑。这也就如同人工智能在很多B端产品中的真实情况一样，在很多地方应用了，但更多的是锦上添花。

当时，这也让整本书的内容与结构变得有些碎片化。书里面总结了一些真实产品的智能化的实践案例，但很碎片化；总结了一些新的智能设计方法，但很难"放之四海而皆准"；设计了一些新的智能原型，但还无法得到充分的验证，等等。我们把已经完成的60%内容发给一些朋友试读，虽然很多人礼貌地表达了有很多收获和启发，但也普遍认为读起来很乱，结构不太清晰。

更重要的是，这本书的受众到底应该是谁呢？一个入行2~3年的设计师或产品经理？他能通过阅读本书的内容更好地开展B端产品的设计工作吗？还是会被我们的"人工智能"视角所迷惑，却无法真正落地实践呢？

伴随着这些困惑，写作陷入了停滞。

突破：朴素的产品思维

就在这种焦灼的状态下，我们正巧参加了一次出版社举办的优秀作者经验分享交流活动，有了不小的收获。这些优秀的作者，无一例外，都是非常优秀的"产品经理"。他们不仅能够打造优秀的"产品"出来，更重要的是，他们清楚书的受众是谁、规模有多大、预计的收益等。

其实，这就是最朴实、最务实的产品思维，做产品如此，写一本书也是如此。在这之后，我们开启了这本书的重构过程。我们聚焦本书的核心读者：**刚入门或者工作几年的 B 端产品设计师、产品经理，以及刚刚进入 B 端领域的人**。当然，这既是规模相对较大的一个群体，也是对获取知识更为积极的一个群体。我们希望这本书能够对他们有些帮助。

有了这次调整后，整本书的结构和内容变得清晰了一些。我们通过产品设计的标准流程，来串起书的核心结构。做一个产品，首先要对用户、客户等有真正的了解，能够建立同理心的视角去审视产品。如果连用户和用户特征都没有理解清楚，相信也很难做到产品成功。所以，本书的第 1 部分（"客户、用户与产品"），重点介绍了 B 端产品的用户、客户等。还介绍了其独有的特征，这也是把产品做成功的关键。

深入洞察用户之后，需要把原始的需求输入，有效、准确地转化为设计，则有了第 2 部分的内容（"从业务需求到设计"）。该部分内容的核心是通过场景化的方法，结合原型设计，把需求更为可视化地表达出来，并不断地通过用户进行验证来不断地完善和驱动设计。对于场景，也介绍了信息架构设计的方法、品牌与规范等。

经验是可以复制的，很多设计是可以重复使用的，并不一定需要从零开始，第 3 部分（"经典的 B 端设计模式"）也成为了本书最为"干货"的一部分，总结和提炼了很多固化的设计模式，可以直接引用。这些模式覆盖了 B 端产品设计过程中的核心场景，能够帮助很多新手快速搭建设计框架，完善设计内容。

而围绕人工智能进行的设计实践，我们把内容重新调整和聚合后，整合为本书的第 4 部分（"智能服务的设计探索"）。希望更多关注人工智能方向发展的读者可以继续了解，这也是本书的精华所在。

2020年，注定充满了不平凡，充满了不确定性。无论是人还是系统，都需要在这种不确定性中不断演化与发展。我们衷心希望，本书能够为 B 端产品设计者们提供一点思考的火花。

感谢高强、于淼、刘璇，牺牲了很多业余时间，和我一起完成了这部书，并且忍受我各种修改的要求。感谢公司的很多同事，为这本书提出了很多的意见与建议，也提供了很多帮助。最后，感谢我的家人、师长和朋友们，一直以来对我工作的大力支持！

蒋颢

2020 年 5 月，于北京

目　　录

第 1 部分
客户、用户与产品

第 1 章　认识 B 端客户 ··· 3
　1.1　认识企业 ··· 3
　1.2　企业的需求 ·· 7

第 2 章　认识 B 端用户 ··· 13
　2.1　第一层认识：工作心态 ·· 14
　2.2　第二层认识：职业特征 ·· 16
　2.3　第三层认识：岗位特征 ·· 19
　2.4　第四层认识：独特的用户成长轨迹 ······································ 20

第 3 章　B 端产品的发展变化 ·· 23
　3.1　B 端产品的演化历程 ··· 23
　3.2　主要的 B 端产品及概念介绍 ·· 29

第 2 部分
从业务需求到设计

- 第 4 章 必须真正"懂"业务 ········· 35
  - 4.1 有效沟通是必要条件 ········· 36
  - 4.2 竞品分析是捷径 ········· 43
- 第 5 章 场景驱动的设计 ········· 48
  - 5.1 场景的划分与来源 ········· 48
  - 5.2 场景的呈现 ········· 55
  - 5.3 场景驱动的设计过程 ········· 61
- 第 6 章 产品的信息架构 ········· 68
  - 6.1 从混乱到有序 ········· 68
  - 6.2 用户视角的转换 ········· 72
  - 6.3 信息架构的设计载体 ········· 73
- 第 7 章 标准产品与个性化的平衡 ········· 84
  - 7.1 个性化的需求来源 ········· 84
  - 7.2 标品与个性化的平衡 ········· 88
- 第 8 章 定义产品的风格 ········· 92
  - 8.1 产品品牌的力量 ········· 92
  - 8.2 产品的设计规范 ········· 94

第 3 部分
经典的 B 端设计模式

- 第 9 章 业务单据 ········· 101
  - 9.1 经典的单据 ········· 102

9.2 单据的查看、处理 ········· 109
9.3 多端的一体化 ············ 113

第10章 流程
10.1 业务流程 ················ 117
10.2 审批流程 ················ 120
10.3 操作流程 ················ 122

第11章 参照
11.1 参照的基本设计模式 ····· 125
11.2 为不同场景提供不同能力 ·· 127
11.3 移动端的参照输入 ······· 135

第12章 业务报表
12.1 企业中常见的报表类型 ··· 139
12.2 现代企业的报表呈现形式 · 142

第13章 打印
13.1 打印的场景 ············· 146
13.2 打印方式 ··············· 150
13.3 打印模板 ··············· 152
13.4 云打印 ················· 152

第14章 角色工作台
14.1 常见的类型 ············· 156
14.2 社交化入口的屏障 ······· 158
14.3 有"节制"的智能化和连接 · 159

第15章 帮助体系
15.1 提示（Tips） ············ 162
15.2 操作引导 ··············· 163

15.3 客服 164

15.4 帮助中心 165

第 4 部分
智能服务的设计探索

第 16 章 传统"记录系统"的终结 169
16.1 生产要素数字化 169

16.2 人与系统 171

第 17 章 智慧界面系统 173
17.1 智能界面 173

17.2 智能机器人引擎 175

17.3 应用架构 180

第 18 章 智能交互设计探索 182
18.1 智能交互设计框架 182

18.2 服务原子化 184

18.3 语音交互的实践 186

后记 一些短期的设计思考 192

第 1 部分
客户、用户与产品

B端产品也称"to B"产品（to Business），即面向企业、公共机构等，为满足特定的商业或业务目标的产品，有时候也称之为企业服务。与其对应的是"to C"产品（to Costumer），即面向个人用户，为满足我们个人的娱乐、交流、消费等需求的产品。

因为服务对象的不同，使用的目的不同，以及使用场景的不同，使得B端产品有很多特征。

第 1 章

认识 B 端客户

　　B 端客户大多数是企业及一些公共组织，他们可大可小，并身处各行各业，在他们的日常生产、经营活动的环节和过程中遇到的各种问题，都可能需要通过各种 B 端的产品来处理。如果想要设计一款优秀的 B 端产品，首先要理解 B 端客户，从而真正明白 B 端产品为谁设计。

1.1 认识企业

　　企业自古有之，泛指一切从事生产、流通或者服务活动，以谋取经济利益的经济组织。企业可以是三五人合伙做的小企业，也可以是超过万人的股份制现代公司。企业在人类社会发展的进程中起了重要的作用。

　　《清明上河图》是宋朝繁荣商业的真实写照，如图 1.1 所示。张择端在画中描绘了日用品、餐饮业、娱乐业、运输业、金融业、医药业、旅游业、手工业等 10 多个行业，描绘了北宋繁荣的经济、社会面貌。而支撑起北宋这片繁荣景象的正是背后那个时代的众多中小企业。

1. 现代企业的诞生

　　人类社会告别了传统的自给自足的小农经济，进入工业社会，传统家庭手工业作坊式的生产逐渐转变成工厂化、机械化、集中化的生产。企业取代家庭的地位，成为支撑国民经济、社会正常运行的基础。近代西方资本主义国家的快速发展，正是由于数量众多的企业，尤其是现代公司的贡献。

图 1.1 清明上河图节选

一个成功的大型企业,可能带动一方经济的发展,如我们熟知的沃尔夫斯堡,正是大众公司的所在地。这里原本只是一个无人知晓的地方,1937年大众汽车有限公司成立后为安置公司员工而建立了这座城市,伴随着大众公司的发展,该城市逐渐发展壮大。沃尔夫斯堡现在以大众公司为中心,聚集了数量众多的上下游企业,并伴随发展出各种服务业,极富吸引力的文化艺术产业,以及与当地企业紧密结合的教育产业。现在的沃尔夫斯堡是德国最富有的城市之一,这与大众公司起到的协同效应密不可分。

一个国家或地区经济、文化发达,和企业做的贡献密不可分。一个富有竞争力的地区,背后必然有一批富有竞争力的企业在支持。我国改革开放 40 年来经济取得了巨大的成就,从 1978 年 GDP(国内生产总值)3678.7亿元,到 2018 年突破 90 万亿元,位列世界第二,在科技、文化、体育等各方面均有巨大的进步,这些都和一批伟大的企业密不可分。

1954 年,美国《财富》杂志开始以严谨的评估推出世界 500 强排行榜。现行的不分行业进行的世界 500 强排序始于 1995 年,评选标准主要包括销售收入、利润、资产、股东权益、雇佣人数五项内容,其中,最主要的标准就是企业的销售收入。

中国从 1995 年只有 3 个企业上榜，到 2019 年的 129 个上榜，超过美国位列世界第一。上榜中国企业主要集中在：能源矿业、金属制品企业、IT 领域（包括电信、互联网、电脑等软硬件企业）、工程建筑企业、汽车企业、房地产企业、银行、保险、商业贸易、航空与防务等多个产业。这证明了我国改革开放以来，工业快速发展，并同时在科技、金融、服务等行业有了长足进步。华为、阿里巴巴、腾讯、美的、格力、平安等众多优秀企业均在各自行业达到世界领先水平，这些企业的快速发展是我国经济、科技、文化快速发展的重要动力。

2. 现代企业的特征

企业之所以对社会、经济有如此大的作用，和企业的自身性质密不可分。大多数企业都是商业化的组织，追求利润是其重要目标。虽然现代理论界普遍认为，企业不应该以追求利润为唯一目的，但谁也不能否认盈利对于企业的重要性。而想要获取更多的利润，企业一方面需要应用各种手段压低自身的成本，提升生产、经营的效率，并提升自己的产品和服务在市场上的竞争力；另一方面，企业还会想方设法发现更多需求，并更好、更多地满足客户需求，尽量销售出更好、更多的产品和服务，来获取更多的利润。从整个社会维度看，正是这些企业的不断竞争，才使得经济、科技、文化不断发展和进步。

现代经济学理论认为企业本是"一种资源配置的机制，企业与市场是两种可以互相替代的资源配置方式"，其能够实现整个社会经济资源的优化配置，降低整个社会的"交易成本"。出于对更多利益的追求，企业天生有着对内部资源更优配置、更高效利用的需求，并通过对各环节技术、方法的不断创新，来增加自己的竞争力。

20 世纪初福特公司创造性地以大量通用零部件进行大规模流水线装配汽车，生产出了当时风靡一时的 T 型车，这种创新性的流水线生产方式极大地降低了成本并提升了生产效率，使得这种汽车质优价廉，迅速风靡开来，成为美国的"国民车"，也让福特公司一跃成为当时全球最大的汽车公司，给福特带来了巨大的经济效益。

21 世纪初，苹果公司给我们带来了 iPhone 手机，它与以往手机最大的不同是打电话、发短信仅仅是其众多功能中的一部分，我们可以随时随地用它做很多其他事情。我们可以用它登录互联网搜索信息，用它来收发邮件，用它来看电影、听音乐，用它来聊天，也可以用它来处理工作。它带我们进入了移动互联网时代，给我们生活带来了极大的便利。iPhone 等产品的创新，给苹果公司带来了巨大的经济效益，使其成为全球市值最大的公司之一。和科学探索不同，企业不仅仅发明、创新，还将这些创新变为现实，带给我们每个人，让广大民众享受更好的生活，当然在这个过程中，企业也获得了巨大的经济效益。

企业对社会的发展，对普通民众生活水平的提高都起着重要的作用，但处在一个充分竞争的行业里，企业也面临着众多挑战。企业家时刻都要小心谁可能提供更好、更便宜的商品，撬走自己的客户，占领自己的市场。尤其在全球化、信息化的今天，企业家不光面临着来自世界各地的企业的竞争，还面临着其他"赛道"对手的竞争。当年福特生产 T 型车，20 年不改款、不创新，造成福特在美国汽车市场份额与自身效益均大幅下降，是因为故步自封，不尊重客户的多样化需求所造成的。那么今天，收音机遇到打车软件的竞争，打车软件遭遇共享自行车的竞争，就显得防不胜防了。

曾经有一个段子说，一个企业家计划投资几十亿元，花 5 年时间在某个行业里做到老大，然后就可以充分享受行业老大地位带来的丰厚利润了。但是当连续几年大笔投入后，终于成为该行业老大时，却惊奇地发现这个行业萎缩了，甚至整个行业可能面临消失的危险。

这个时代的每个企业都充满了危机意识：小企业想着怎么活下去，怎么不被其他企业打败，不被大企业挤垮；稳定的中型企业想着怎么能把自己做大做强；而大企业又在想怎么能让自己保持创新，保持活力，以防被后来者超越，同时也要警惕跨行业竞争。

"我们的客户正是这些企业。怎样更好地帮助企业配置好各种资源，怎样帮助企业不断创新并保持强竞争力，是我们 B 端产品人一直在做的事情。"

1.2 企业的需求

企业在经营活动的各个环节，均有众多对 B 端产品的使用需求。这些需求源于对自身资源优化，对自身生产效率、管理效率提升的内在需求，更源于增强自身竞争力，不被同行打倒的需求。更好地理解企业的需求，可以帮助我们设计更好的产品并更好地服务客户。

1.2.1 对资源的管理需求

如前文所述，企业是一种资源配置机制，对资源的配置更优、使用效率更高，是其不被其他企业所替代的重要条件之一。企业的资源大体来说可分为人、财、物、客，如图 1.2 所示。在企业经营的每个环节都会涉及其中一类或几类。

图 1.2 企业最重要的四类资源

1. 人

企业经营归根结底是人的活动。无论是依靠三五个人的小生意，还是上万人的大型企业，无论是传统的制造业企业，还是新兴的科技企业，无论是企业的生产，还是企业产品的销售，都无时无刻不在借助人的力量。就如同葛优在《天下无贼》中所说，21 世纪什么最重要？人才！企业的日常经营，人起着关键的作用。很多企业一两个核心人才的去留，就可能对业绩有着巨大的影响。对企业人员的管理，往往影响着企业的成败。

人是最复杂的生物，有着丰富的感情和情绪，对人的管理是企业中最关键，也是最难的事情。然而，一般企业只是利用信息化的手段，将人像资产一样管理起来，只知道员工数量、性别比例、职级职位等。其实，这些仅仅是最基本的人员信息管理。而企业的生产、研发、销售等日常经营的各个环节都需要人的参与，我们如何用对人，怎样用好人，是企业一直都存在的需求。

历史上有很多企业，在团队规模小的时候，拥有很高的效率，创造了相当可观的效益。而当企业做大后，反倒不赚钱了，各个环节、各个部门变得很低效。究其原因，很大一部分是对人、对团队的管理不力造成的。

大企业中对人员的管理，是更加复杂的事情。怎样管理好数量众多的员工的日常行为，怎样有效地调动每个员工的积极性并保持高效工作，怎样让员工间、团队间保持高效的协同，怎样让员工在工作中不断成长、在组织中不断晋级、在企业中保持自我价值的实现，这些都是大企业人力管理中非常重要的问题。

作为B端产品设计师，尤其要对人的需求有更深的了解，因为使用我们产品的用户终究是企业中的员工，产品如果设计不好，可能直接会影响员工的工作效率，影响员工的工作热情，最终影响企业的效益。

2. 财

在企业的各种资源中，财是最重要的一类，它不光包括现金、银行理财、存款这种直接的资金，还包括公司各种形式的资产，如厂房、设备、存货、原材料、合同、专利等对应的价值。并且公司的各种负债，如借款、应付工资等也是公司财务所管理的部分。

对公司财务管理最基本的需求就是记账，就像我们平时想管理好自己的个人财务，起码也要记录下自己的支出和收入。企业记账不像我们个人记账，它有一套专业的会计准则，需要用科学、合规的方式进行。一般企业都会有专门的财务人员，按照会计准则记账、算账、报账，这是所有企业的基本需求。

企业的所有活动，其本质都是财务活动，不管是生产商品、销售商品，还是企业日常工作中的开会、讨论，这些都是财务活动，都有成本，会直接、间接地产生费用，当然也会直接、间接地产生营收。

所以财务的管理需求不只是记账。大公司的财务有更高的管控需求，需要对企业生产、销售、日常经营等环节做成本、费用的有效管控，控制财务资源的最优配置，以及提高资金利用效率，帮助企业创造更大的效益。这些需求伴随企业经营活动，时时刻刻都存在，也是B端产品从业者必须深入理解和重视的。通过不断创新，才能帮助企业在财务的管理质量上不断提升。

3. 物

企业中的物包含范围很广，既包括作为生产资料的机械设备、原材料、日常办公的桌椅、电脑和办公耗材等，也包括企业中已经生产但未出厂的产成品。本质上，这些也都是企业的资产，所以对这些物品的管理，对企业来说是非常重要和必要的需求。

在企业的生产、销售过程中，尤其对物的管理非常看重。少占库存、合理储备原材料、减少产品积压、提高库存周转效率等都是企业中非常重要的需求。很多大型制造业企业的很多精力都会花在原材料的供应上，比如一些车企，原材料的管理精确到难以想象的程度，往往只在制造流程中需要某个配件的前一刻，才让供应商运货到厂，最大限度地降低了原材料的积压程度，也极大地降低了成本。

对企业各种物的管理本质上是财务管理的一种应用。

4. 客

客就是企业的客户，客户可能是个人，也可能是公司，还有可能是政府机关，虽然严格意义上并不是企业的内部资源，但其对企业却非常重要。

对于绝大多数企业，客户的数量、质量以及黏性等，直接决定了企业的业绩。如何接触更多的优质客户？怎样让更多的客户购买我们的产品、服务？怎样让客户更加满意？怎样保持与客户的良好关系并得到客户的推荐？怎样保证客户的信息不被销售人员据为己有？这些都是企业从诞生以来，一直存在的问题。

类似的还有供应商，虽然也不是企业内部资源，但同样对企业非常重要。供应商的产品、服务质量、信誉、资质、综合实力和稳定性等，也是企业需要掌握的。企业也要借助 B 端产品来满足这些需求。

人、财、物、客是企业最重要的几类资源。除此以外，企业还存在着大量被忽视，但可能非常重要的资源，比如知识、版权、专利等。这些都是非常重要的资源，已经被越来越多的企业所重视，对它们的管理也成为很多企业的重要需求。随着企业之间竞争的激烈化，管理维度的精细化，各种资源也得到了企业的重视和管理。另外，随着企业信息化、数字化程度的加深，数据也成为一种资源，被越来越多的企业重视起来，在后续章节中我们会详细介绍。

1.2.2 对业务过程的管理需求

企业除了对自身资源管理有着天然而强烈的需求外，对自身业务运行的过程管理同样非常重视。通过对自身经营活动各环节的过程管理，企业能有效地降低成本，提高生产、运营效率，并最终提高企业自身的竞争力。

企业是一个系统，因规模大小不同，所在行业不同，经营模式不同，在业务复杂度上也有很大差异。一般的企业都有研发、生产、供应、销售、日常办公等多类活动。在企业日常经营中，每天都发生着大量的业务活动，怎样管理好这些活动，一直是企业比较头痛的事情。

虽然企业日常工作烦杂，业务种类众多，但大多数工作都可以总结出固定的流程和规范，用以对相关员工的工作分工和具体操作进行明确指导，从而做到对业务过程的优化和管理。

比如我们平时去餐馆就餐，除了享用美食外，我们还会接触到餐馆的服务。事实上几乎所有餐馆都会有一套服务流程，从顾客进门开始，都要经过引客入席、餐前服务、点菜、分单、上菜、巡台、买单、送客、撤台和摆台等环节，如图 1.3 所示。而好一些的餐厅，每一个环节都会有明确的操作步骤、作业规范、作业标准。比如上菜的时候，一般都会分为传菜、上菜以及分菜的步骤。而在这几个步骤中都会有严格的规范，比如上的菜是鱼，鱼头要对着一桌的主宾，而如果上茶，茶壶嘴不能对人等。区分餐馆的好坏，除了菜品质量外，很大程度上还要看服务。两者和这些流程、规范以及标准密不可分。

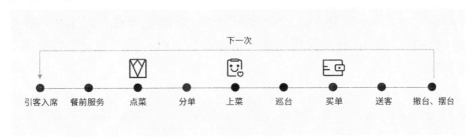

图 1.3　某餐馆服务流程

流程化、规范化和标准化对企业管理有着重要的作用，能够帮助企业各岗位的员工更好地分工合作，让每个员工更加清楚自己的工作职责，使具体工作更加规范，提高平均工作质量，同时可以帮助企业节约各类成本并让业务可复制化。

在 B 端产品设计时，很重要的一部分工作就是理解、抽象流程，以及对流程进行改造和优化，具体细节可以参考后续章节。

同时也应该警惕过度流程化、规范化和标准化可能使企业的管理变得僵化，反倒影响企业的效率。一套流程经过长时间的总结，必然有一定优势，但随着时间的推移，自身的发展，环境的变迁，技术的进步，竞争对手效率的提高等，同一套流程可能就会失去其优越性。

一个企业的发展，各个方面都必然要经历不断地改良。企业出于对更高效率、更低成本的本能追求，必然要求流程、规范与标准得到不断优化。这种变化的需求是当今企业非常重视的，也是 B 端产品人面临的一个重要的挑战。我们一定要适应在这种外部环境、自身业务都处于高速变化中的企业经营管理需求，并帮助企业不断优化业务过程，获取更高的效率与效益。

随着企业信息化、数字化水平的提升，对过程的管理已经不再满足于对流程、规范以及标准的把握了，更多企业希望能对业务过程中更多的细节进行实时监控。通过对关键点的把握已经远远不够了，企业希望能够把整个业务过程变得透明化、实时化，从而对企业经营的各方面进行优化和提升。

"这给我们 B 端产品从业者带来巨大的机遇与挑战，我们需要更深地理解企业，更深地理解企业的业务和需求，帮助企业在管理上更加精细化、透明化，帮助企业发现更多可以改善的问题，帮助企业获得更强的竞争力。"

第 2 章

认识 B 端用户

经过第 1 章的介绍，我们大体上认识了我们的客户——企业。虽然 B 端产品服务于企业，但真正使用产品的仍然是人，身处企业生产、经营各个环节、各个岗位的人，才是真正的 B 端用户。曾经在很长时间里，我们做 B 端产品设计，却忽视产品的真实用户，以为满足了客户的需求，给企业带来了价值，就算大功告成了。但事实上，不管产品功能多么强大，使用体验不友好，不关注真实使用用户，都会让产品的价值大打折扣，甚至给企业带来更多的麻烦。这一部分，我们就来一起认识 B 端用户。

前文介绍过，当人类告别自给自足的农业社会，进入工业社会后，企业替代家庭变成社会中最重要的单位，所以只要一个人走向社会，工作对个人的影响就开始慢慢变大。我们每天早出晚归，在企业中最普通的工作一般也要花上 8 小时，对于程序员等特殊职业来说花费的时间更多。我们花在工作上的时间，可能不比在家庭上少，这些时间反过来会影响我们，让我们带有更多的职业特征，如图 2.1 所示。想把产品设计得让用户满意，就需要理解他们，理解他们的职业特征，理解他们工作上的痛楚，以及理解他们工作中的需求。

图 2.1 职业特征

2.1 第一层认识：工作心态

什么是心态？简单地说，就是一个人面对事情的态度。而工作心态，也就是处理工作相关事情时的态度。为了更好地理解工作心态，让我们先看一个小故事。

有一天，三个工人正在砌一堵墙。有人过来问他们："你们在干什么？"

第一个人不耐烦地说："没看见我在砌墙吗？"

第二个人笑一笑，说："我们在盖一栋房子。"

第三个人边干活边哼着小曲，他满面笑容地说："我们正在建设一座城市。"

同样的环境，同样的工作，面对着同样的问题，但却产生了三个不同的答案。其实表现了三种工作心态。

第一个人，被动工作的人。在他的眼里，工作似乎是一种苦役。

第二个人，尽职尽责工作的人。他抱着为薪水而工作的态度，为了工作而工作。

第三个人，具有高度责任感和创造力的人。在他身上，看不到丝毫抱怨和不耐烦的痕迹，相反，他充分享受着工作的乐趣。

这个故事还有后半部分：十年后，认为自己是砌砖的人依然在砌砖，认为自己在盖房的人，成了施工队长，认为自己在建设城市的人，成了企业老板。

三种不同的心态，造就了三种不同的未来，这个故事也常常被拿出来激励员工好好工作。大多数企业的管理者希望能有更多的第三类人。

《任正非：商业的本质》书中说华为员工有三类：第一类是普通劳动者，第二类是一般奋斗者，第三类是有成效的奋斗者。这三个类别的划分显示出的是员工的工作状态。对于普通劳动者而言，他们的想法很简单，就是为了赚钱养家，他们通常只是做好自己该做的事，只做一些上级吩咐必须做的事情。对于一般奋斗者来说，这类人的工作积极性比普通劳动者更高一些，想法也更多一些，工作中也能尽力而为。对于第三类有成效的奋斗者来说，他们的工作主动性和积极性最高，对于工作能够全身心地投入。换句话说，他们是真正用心、尽心地在应对自己的工作。

但是，一个企业里，大部分是第一类的普通劳动者。让我们总结一下普通劳动者的特征。

（1）完成领导布置的任务，很少主动发现新任务

（2）聚焦本职工作，很少跨界思考

（3）做事，但不关注实际效果

（4）安于现状，很少主动学习，主动思考

我们曾经设计过一个界面，一个按钮默认被隐藏起来，需要鼠标移动到操作对象上才能显示，本以为这样的设计更加简单，会得到用户的喜欢，但一经推出却被很多用户痛骂，"为什么没有×××功能？"

针对这样的用户，好的B端产品需要有一些基本特征。

（1）任务明确

（2）界面简单直观

（3）聚焦当前工作

（4）操作简单直接

（5）交互与界面模式统一

（6）对复杂操作的引导足够强

（7）对重要操作要有明确预警与结果反馈

　　换一个角度考虑，我们设计的产品，如果让企业员工绞尽脑汁琢磨怎么用，花了很多时间学习，那么对企业来说就是一个非常不划算的事情。并且随着人工成本越来越高，企业就更加不希望在这方面花太多时间了。

　　除此以外，我们还必须要认识到，企业里有一些奋斗者，为工作，为企业会尽心尽力。但这样的人就像第一个故事里描述的那样，或许已经成为企业中的高管或者老板。事实上，当目标用户为管理者时，我们可以假设他们是一群奋斗者。给他们设计的产品，不能局限于产品本身，还要有更多关联功能和穿透信息，以满足奋斗者的探索精神和解决深度问题的需求。

2.2　第二层认识：职业特征

　　职业是社会分工的产物，是指利用专门的知识和技能，相对稳定地从事一项工作。随着社会的发展、分工的细化，职业也变得越来越多样化。根据中国职业规划师协会的描述，职业包含 10 个方向（生产、加工、制造、服务、娱乐、政治、科研、教育、农业、管理），有 90 多个常见职业细化分类。因为职业的细分，每个职业的专业性也变得越来越强。如果从大学开始计算，一般人接受的专业教育、熏陶有 4 年，再加上开始工作后接受的正规职业训练，时间更长，每个人都会积累相当多的专业知识和职业习惯。这些知识和经验会造成一个问题，面对同样的事物，不同职业的用户，常常会有不同的理解。

　　在做 B 端产品时，就是要搞清楚用户的基本职业、知识背景、工作语境和工作习惯。

　　例如我们每个企业都有的会计人员，这个职业具有专业的知识体系，经过长时间的专业化训练，每天和钱、数字、会计准则打交道，并且几乎都有会计师资格认证，这样的用户具有一套专门的会计语境，并有一套自己的专业习惯，给他们用的产品就要严格符合会计的职业习惯。

比如，用友财务云服务的凭证应用就是专门给会计人员使用的，无论从形式上，还是从字段布局上，都和传统的纸质凭证非常相似，如图 2.2 和图 2.3 所示。这让会计人员省去熟悉、学习的过程，非常容易上手，很快就可以熟练使用。

图 2.2　财务云服务的凭证

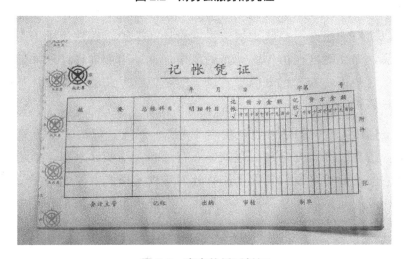

图 2.3　真实的纸质凭证

其实，在做出这样的设计前，我们曾经也走过一段弯路。多年前，曾经有家企业为了提升财务管理的专业性和规范性，购买了一套用友公司的财务产品。使用一段时间以后，我们去客户处做调研，企业方幽默地和我们说：

"你们的系统'太先进了'，上了你们的系统，我们30多年（工作时间）的老会计光荣下岗了！"

产品给企业带来了价值，却让员工下了岗，这是多么的讽刺啊！当时的产品最大的设计问题就是缺少会计的专业特征，这让会计人员较难适应。

在长时间的设计实践中，我们发现了一个规律：

"用户的专业程度越高，对新产品的适应能力往往越差。这种情况还会因为年龄的增长而变得更加严重。"

对于产品使用，用户经过长时间的学习和训练，早已经形成自己的使用习惯和认知模型，在他们的工作中突然插入一个全新的产品，他们是非常难适应的。多年的经验和习惯，想在短时间内改变，是非常困难的。

就像《习惯的力量》一书中所说：习惯让我们减少思考的时间，简化了行动的步骤，让我们更有效率；也会让我们封闭，保守，自以为是，墨守成规。

类似的例子还有很多，比如给视觉设计师做绘画软件，无论是哪个公司的产品，都会高度模仿传统画布的风格，并使用大量设计师才能懂的专业术语。这些在外人开起来似乎难以理解，但在专业的视觉设计师眼里，却相当熟悉和自然。

以上描述的案例都是专业化程度非常高的职业，但在使用B端产品的用户中，还有很多人没有那么强的专业背景和电脑操作水平，他们仅仅经过短时间的摸索和培训就仓促上岗。针对这样的用户，我们就需要给予更多的关怀，产品做得浅显易懂，不那么"专业"反倒更加重要。总之，我们希望产品能够做到：

"当用户开始使用一款新产品时,感觉一切都似曾相识,无须大量学习,稍微熟悉就可以适应,并快速完成他的工作。"

2.3 第三层认识:岗位特征

社会分工的产物是职业,而企业分工的产物就是岗位。企业中为了完成生产经营活动,会把复杂流程中的工作分解成若干岗位。每个岗位的员工各司其职,每天做着相对固定的工作,一起保证企业的正常运转。这就有了不同岗位的B端用户,如图2.4所示。

图2.4　不同岗位的B端用户

企业的分工也和企业的规模、类型有关。一般情况下,越大的企业,分工越精细,每个岗位的工作也更加固定,而越小的企业,分工越模糊,每个员工的工作也相对多样、灵活。企业购买一款产品,看重的是给企业带来的价值,但这个价值,需要不同岗位的员工通过使用产品,完成特定的任务来体现。

大多数B端产品只是满足企业一部分业务需求,用户使用产品也是为了完成一部分工作任务,如果想让产品的体验更好,就不能局限于某一部分工作。了解目标用户所在岗位的特征,目的是更好地理解用户的需求,帮助用户更快、更好地完成工作,并帮助企业创造更大的价值。在对岗位的调研中,我们往往会关注以下几方面内容。

1. 工作内容

了解一个岗位，要从用户平时具体的工作开始。我们需要了解用户平时工作的内容、机制、处理方式、完成方式、评估方式以及相关岗位。其中评估方式尤为重要，因为在某些方面用户对产品体验可能有特殊的要求。

例如，收银员在收银时，金额的对错是一个关键衡量标准。收错钱、找错钱、收到假钱都是收银员需要尽力避免的。如果我们为收银这个环节做设计，就要格外重视这些问题，帮助收银员降低错误发生率，提升工作质量。

2. 工作的场景

要了解岗位的工作场景，我们需要先了解几个关键信息：何时工作、在哪里工作以及怎么工作。尤其要搞清楚用户怎么工作，并且要了解用户工作的困难、压力、强度、周期等重要指标。

比如，收银员大部分在收银台工作，每隔一段时间，就处于高压、高强度的工作状态。这是因为大多数零售业在放假时客流量都会陡增。除此以外，在每天的特定时间段也会出现客流高峰期。为收银场景设计，就要重点关注这些问题，着重解决如何快速、准确结账的问题。

2.4 第四层认识：独特的用户成长轨迹

在经典设计方法中，尤其是 C 端产品的设计中，我们往往会将大多数场景的目标用户确定为中间用户。因为经过大量研究发现，大多数用户通过一段时间熟悉产品、使用产品后，都会进阶为中间用户。做 C 端产品设计，一方面要为中间用户设计，另一方面还要帮助新手尽快成为中间用户。因为新手一旦无法适应产品，无法进阶为中间用户，就意味着他可能放弃使用产品。怎样留住用户是 C 端产品设计中的一大课题。

和 C 端产品用户成长轨迹不同，出于工作的要求和每天必须使用的压力，B 端产品用户往往都会成长为熟手，如图 2.5 所示。所谓熟手是指用户对某些功能、界面非常熟悉，他们可以熟练地使用某些功能，但同时对不经常使用的功能一无所知。与其相对应，专家是指对系统的多数模块功能和相应操作都非常精通的用户。在设计 B 端产品时，我们要更多考虑一名熟手用户的特征和诉求，以提高产品设计效率。

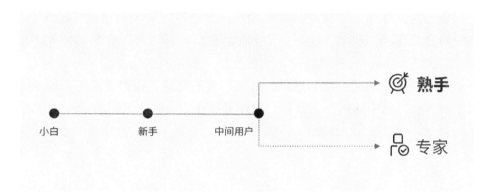

图 2.5　B 端用户成长轨迹

比如，在我们设计日期录入功能时，C 端产品注重的是引导性，会显示日历供用户选择，而很少支持用户直接通过键盘录入。在为 B 端产品设计时，只有日历是远远不够的。我们的用户经常处于需要大量数据录入的场景中，需要高效、连续的录入方式。日历选择需要鼠标点选，由键盘切换成鼠标，打断了录入的过程，降低了录入的效率。为 B 端产品设计日期录入，需要支持键盘直接录入，并且还需支持多种格式的日期，如图 2.6 所示。

图 2.6　日期录入

在设计 B 端产品时，产品的使用效率更为重要，产品的一些引导功能会被删除。我们认为，当 B 端用户熟悉产品一段时间后，更高效的操作方式比清晰但烦琐的引导界面更有价值。当然效率高不等于是反人类的操作，需要经过大量练习才能高效操作的使用方式也不是好的设计。

  除了为熟手设计的功能外，B 端产品也会存在着一些重点考虑新手、中间用户的场景。比如注册、忘记密码功能，这就很难区分是 B 端用户还是 C 端用户，面对这样的场景，大多数用户都是新手用户。另外，对于一些周期性使用的功能，比如用户一月用一次的功能，我们要应用 C 端产品设计的方法，以中间用户为目标，设计引导性、说明性更好的界面与功能。

第 3 章

B 端产品的发展变化

B 端产品为满足企业的需求而生。随着时代的发展、科技的进步,以及企业自身的发展变化,B 端产品也在不断演化。在每个时代,都会有相应的明星 B 端产品,使用它们可以帮助企业解决当时最棘手的问题,满足企业迫切的业务需求,帮助企业提升效率与效益。好的 B 端产品和企业为社会、经济、科技发展的进步都做出了贡献。

3.1 B 端产品的演化历程

1. 中国传统 B 端产品

中国是拥有几千年文明的古国,大部分时间都处于自给自足的小农经济社会,直到近代才孕育出真正的现代企业。在漫长的历史长河中,只要时局安定、社会太平,都会出现繁荣的商业。在这些繁荣的商业背后,有一款广受欢迎的 B 端产品,在很长时间里都在默默地帮助中国企业,这就是算盘。

算盘是中国传统的计算工具,从古至今一直被当作企业算账、记账的工具使用,已有 1000 多年历史,直到 20 世纪末会计电算化普及,才逐渐淡出历史舞台。以至于过去很长时间,人们都认为"会计就是打算盘的"。在电视剧《乔家大院》中,乔家年底算账,一屋子"老会计"人手一把算盘,噼里啪啦地算着当年赚了多少银子。在没有计算机辅助的年代,我们的先辈正是靠算盘,才创造了一个又一个繁荣的社会景象。

据最新史料的发现,算盘明确的起源在唐朝,而广泛应用始于宋朝。北宋名画《清明上河图》中,画有一家名叫赵太丞家的药铺,其正面柜台上放着一个串档算盘,如图3.1所示。

图3.1 清明上河图(部分)

在900多年前的北宋,经济、商业空前繁荣,算盘在这个时候被广泛应用,帮助当时的企业家们解决了快速算账、记账的问题,为当时的社会繁荣贡献了不小的力量。

算盘之所以长时间被广泛使用,成为很长时间以来企业算账、记账必备的工具,和其结构简单、便于携带、计算速度快的特点密不可分。一般的算盘都是长方形的,四周是木框,里面固定着一根根小木棍,小木棍上穿着珠子,中间一根横梁把算盘分成两部分,每根木棍的上半部有两颗珠,每颗珠子代表5,下半部有5颗珠子,每颗珠子代表1。最初算盘只能用于加减法计算,后来又开发出乘除法和开方计算,只要使用者熟练记住计算口诀,就能使用算盘随时随地快速计算。

2. 电算化产品

1946 年，美国军方定制了一台电子计算机"电子数字积分计算机"用以满足计算弹道的需要，它的研制成功标志着电子计算机时代的到来。1954 年 10 月，美国通用电气公司首次利用计算机计算职工薪金，开创了利用计算机进行会计数据处理的新纪元。最初的计算机处理内容仅限于工资计算、库存材料的收发核算等一些数据处理量大、计算简单而重复次数多的财务工作。它以模拟手工会计核算的形式代替了部分手工劳动，提高了这些劳动强度较高的工作的效率。随着计算机的快速发展与普及，欧美从 20 世纪 70 年代开始逐渐进入会计电算化时代，后逐渐取代了传统手工会计。

中国的会计电算化起步较晚，从 20 世纪 80 年代开始初步应用，直到 20 世纪 90 年代才开始普及。而在一些企业里，手工记账与计算机记账长时间在双轨执行，直到 21 世纪初才开始逐渐放弃手工记账。在中国会计电算化的时期，以用友为代表的中国软件企业，陆续推出用友财务软件以及报表编制软件 UFO 等，为中国会计电算化做出了极大的贡献。

会计电算化主要是用计算机替代人脑和手工记账，解决会计核算问题。对比以前手工记账，会计电算化虽然节约了时间，提高了工作效率，但只局限于财务部门，财务与业务信息是割裂的，没有解决企业中的"信息孤岛"问题。那个时期的企业，如果其他部门想要看相关财务数据，需要会计部门打印出来或者经过会计部门同意才行。

其实这个时期的软件大部分都带有很强的工具特征，比如工程类的 CAD 软件、画图类的 Photoshop 软件等。当时的软件大部分只是聚焦于所做的工作本身，而很少考虑与其他工作环节配合的问题，以及与其他部门、其他人的信息流转的问题。同时这个时代的软件大多比较复杂难用，经常会看到各类软件的培训机构和教材，如图 3.3 所示。在当时，能够熟练运用几款软件，绝对是一个人的核心竞争力，对找工作有很大的好处。

3. 企业信息化产品

随着科技的进步，互联网的普及，企业已经不满足于只对几个核心业务的信息进行电算化了。企业一方面希望对各类资源进行更优的配置，对各个业务过程进行更好的管理；另一方面，企业也希望各部门、组织、业务间的数据能够互联互通，减少信息传输的障碍，提高各方、各环节间的合作效率。

图 3.3 会计电算化教材

这个时代出现了大量对企业各种资源和重要业务过程进行管理的产品，如：HR 系统（人力系统）、CRM（客户关系管理系统）、MES（制造过程管理系统）、SCM（供应链管理系统）等。而这些系统虽然满足了企业各种管理需求，但也同时带来了大量数据如何互通的问题。很多企业都要花费高额的二次开发费用来做系统间数据的打通。

而 ERP（企业资源计划）系统的出现，正好解决了以上问题。

ERP是一个以管理会计为核心,可以提供跨地区、跨部门、跨组织、整合实时信息的企业管理软件。它对企业中的各类资源进行计划和管理,包括:人力资源、财务资源、物资资源、客户、供应商资源等,并对企业关键业务流程进行规范和优化,从而提高企业的核心竞争力。我们可以理解为ERP是上文介绍的各种产品的集合。ERP也在这个时期成为企业、市场追逐的明星,而在众多ERP产品中,市场占有率最高,口碑最好的产品莫过于NC(如图3.4所示)和U8了。

图3.4　NC版ERP

这个时期,各大软件公司开始注意到,B端产品不光要满足客户的需求,还应该关怀终端用户的使用体验。在这个时期的调研中,我们收集到大量终端用户的反馈。以往遇到使用问题,用户会责怪自己"笨",使用不够熟练。逐渐地,用户不再沉默,开始对产品体验提出需求。也正是在这个时期,国内软件公司开始纷纷建立自己的用户体验团队,逐渐改善自己的产品体验,向着国际一流软件公司而努力。

4. 企业数字化产品

近几年,由于移动互联网、大数据、云计算、物联网、人工智能和5G等一系列新技术、新基础设施的成熟与普及,企业和相关商业环境也发生了变化。

耐用又结实的诺基亚手机被苹果手机打败；线下家电大卖场的市场份额被电商企业蚕食；众多看似管理高效、经营稳健的企业，被突如其来的对手打得惊慌失措。B 端产品的客户（企业）发现，仅仅对内部各环节、资源进行管控，已经不足以保证自己处于不败之地了。面对高速变化的市场，前所未有的残酷竞争，企业急需一场数字化变革，建立企业数字化应用工作平台，如图 3.5 所示。

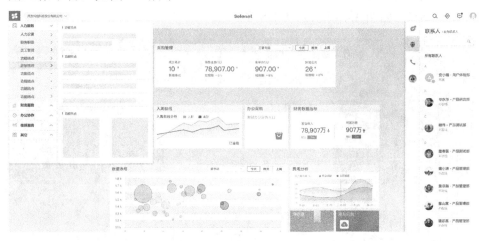

图 3.5　企业数字化应用工作台

用友网络董事长王文京曾经说过："未来只会有两种企业：第一种是数字原生企业，企业创立伊始即按照数字化或云化模式建立和运行；第二种是数字化转型实现重生的企业。"

应对企业数字化转型的需求，近几年出现了很多新的产品来满足企业新的需求，如社会化企业客户关系产品、社会化营销产品、智能云 ERP 产品等。移动化、社交化、互联网化已经成为当今 B 端产品的新特征。当然，现在还只是数字化转型的初始阶段，很多上一个时代产品的特征依然保留着。而未来的 B 端产品必然是更加智能化的产品，智能化将成为未来 B 端产品最大的特征。对于智能化 B 端产品的特征和设计方法，可以参考本书第 4 部分，智能服务的设计探索。

B 端产品的发展，从解决一个业务的问题（电算化，部门级），到解决企业各环节的问题（信息化，企业级），再到今天企业解决全面数字化和智能化的问题（数字化、智能化，社会级），大致经历了 3 个阶段。

图 3.6 B 端产品发展的 3 个阶段

今天的 B 端产品，不论大小，都需要解决信息孤岛问题。我们必须考虑信息从哪里来，企业会用信息来做什么，可能会用在哪些领域、部门、产品上，并且，B 端产品必须是社会化的，不能局限于产品自身的使用者，还要考虑外部用户、非使用者的信息传输需求。作为 B 端产品的设计者，我们需要更加全面、深入地理解企业、理解业务、理解商业模式，将这些理解更好地转化为设计，为客户、为用户创造价值、带来便利。具体如何操作，可以参考本书第 2 部分，从业务需求到设计。

3.2 主要的B端产品及概念介绍

1. ERP 系统

ERP 是英文 Enterprise Resource Planning 的缩写，即企业资源计划。最早由美国 Gartner 公司于 1990 年提出。企业资源计划是 MRP II（企业制造资源计划）下一代的制造业系统和资源计划软件。在我国，ERP 系统所代表的含义更广，包含的功能也更多，是指一个以管理会计为核心，可以提供跨地区、跨部门、跨组织，整合实时信息的企业管理软件，对企业中的各类资源进行计划和管理的系统。

ERP 系统包括以下主要功能：财务管理、供应链管理、销售与市场、分销、客户服务、制造管理、库存管理、工厂与设备维护、人力资源、报表、制造执行系统、工作流服务和企业信息系统等。此外，还包括金融投资管理、质量管理、运输管理、项目管理、法规与标准、过程控制等补充功能。

ERP 是将企业所有资源进行整合集成的管理，简单地说，就是将企业的物流、资金流、信息流进行全面一体化管理的管理信息系统。它的功能模块已不同于以往的 MRP 或 MRPII，不仅可以用于生产企业的管理，也可以用于一些非生产企业、公益事业性质企业的管理。

2. CRM 系统

CRM 是英文 Customer Relationship Management 的简写，即客户关系管理。最早由 Gartner 公司提出，"以客户为中心"是 CRM 的核心所在，通过满足客户个性化的需要、提高客户忠诚度，实现缩短销售周期、降低销售成本、增加收入、拓展市场、全面提升企业赢利能力和竞争能力的目的。

CRM 系统通过信息技术，管理好企业客户以及潜在客户的各类信息，这些信息包括：客户的企业信息、网站、联系方式，以及和其发生的各类相关活动，利用对这些信息的分析，提供企业有价值的决策建议，帮助企业更好地服务客户，提升客户的满意度，从而促进销售，提高企业的效益。

CRM 系统大体上包含以下功能：

（1）市场管理：营销活动、市场计划、市场情报、市场分析

（2）服务管理：服务请求、服务维修、装箱单、项目服务、产品缺陷

（3）客户管理：客户信息、客户关怀、客户分析

（4）销售管理：商机管理、销售报价、销售合同、销售订单、收款、销售

CRM 系统的作用如下：

（1）维护老客户，寻找新客户

（2）避免客户资源过于分散引起客户流失

（3）提高客户忠诚度和满意度

（4）降低营销成本

（5）掌握销售人员的工作状态

3. OA 系统

OA 是 Office Automation 的缩写，即办公自动化，是将现代化办公和计算机网络功能结合起来的一种新型的办公方式。办公自动化没有统一的定义，凡是在传统的办公室中采用各种新技术、新机器、新设备从事办公业务，都属于办公自动化的领域。企事业单位一般叫 OA，即办公自动化。在行政机关中，办公自动化又叫作电子政务。通过实现办公自动化，可以优化现有的管理组织结构，调整管理体制，在提高效率的基础上，增加协同办公能力，强化决策的一致性，最后实现提高决策效能的目的。

OA 系统是利用信息技术，实现对企业日常办公的管理。早期 OA 的核心是工作流，使企业内部各组织、各部门人员方便快捷地共享信息，高效系统地工作，改变过去复杂、低效的手工办公方式，实现迅速、全方位的信息采集、信息处理，为企业的管理和决策提供科学的依据。一个企业实现办公自动化的程度也是衡量其是否实现现代化管理的标准。OA 功能包括：OA 门户、工作流、发文审批、审批流、公司新闻、公告、发文、日程、即时沟通、人员考勤、知识管理、企业论坛等功能。

随着科技的进步，企业管理水平的提升，企业已经不满足于简单的办公自动化了。企业工作、信息的协同成了企业，尤其是大型企业关注的事情，而协同办公系统作为 OA 的升级版成了时下的热点。协同系统不同于 OA 系统以工作流为中心，而是以工作、信息的协同为核心，帮助企业实现跨部门、跨组织、跨地域、跨业务的工作和信息协同。可以说协同办公系统是所有 B 端软件的黏合剂和催化剂，可以帮助企业信息高效协同，帮助业务高效运转，帮助企业提升生产、经营的效率。协同办公系统除了具有 OA 系统的功能外，企业社会化、移动化的应用是其最大特点。

4. HR 系统

HR 是 Human Resource 的英文缩写，即人力资源。HR 系统是为企业持续地提升人力资源管理水平和能力而出现的信息化支撑平台。

HR 管理软件主要适用于企业中的人事部门，人事部门的主要工作是管理企业中人员信息、组织架构、人员异动、招聘、薪酬等。人事管理专员可以通过 HR 系统维护员工资料、部门架构、人员分组、员工异动信息等日常工作，从而帮助企业降低人力成本，提高工作效率。另外，通过 HR 系统及时收集、整理、分析大量的人力资源管理数据，为企业战略决策与实施提供强有力的支持，可以提高组织目标实现的可能性。

HR 系统一般包含：组织管理、人事信息管理、招聘管理、劳动合同、培训管理、考勤管理、绩效管理、福利薪酬管理等模块。

5. BI 系统

BI 是英文 Business Intelligence 缩写，即商业智能。BI 系统是指将企业数据转化为有用的信息，帮助企业做出业务经营决策的系统。BI 系统中的数据一方面来自企业内部的其他业务系统，例如 ERP、CRM 等业务系统；另一方面，BI 系统中的数据可能来自互联网。企业通过 BI 系统收集内外部系统中的数据来辅助企业改善经营，并对未来形势做出正确判断，并做出正确的决策。

BI 系统具有以下主要功能。

（1）读取数据功能：读取多种格式的文件，同时可读取关系型数据库中的数据。

（2）关联分析功能：关联分析主要用于发现不同事件之间的关联性，即一个事件发生的同时，另一个事件也经常发生。关联分析的重点在于快速发现那些有实用价值的关联事件。

（3）数据输出功能：打印统计列表和图表画面等，可将统计分析好的数据输出给其他的应用程序使用，或者以 HTML 格式保存。

（4）定型处理功能：所需要的输出被显示出来时，进行定型登录，可以自动生成定型处理按钮。在以后的工作中，即使很复杂的操作，也只需按此按钮，就可以将所要的图表显示出来。

第 2 部分 从业务需求到设计

从云服务逐渐兴起，传统软件时代的产品设计思维开始被改变。云服务的技术特点、产品特质是实时的、在线的、互联互通的。B端产品也以业务多样、复杂度高著称，既有解决内部管理诉求的各种业务系统，也有解决商业协作等诉求的业务连接系统。但是，传统的工具化的产品形态已经很难满足现阶段企业数字化发展的需要，企业用户需要的不是离散的工具，更不是一个个信息封闭的孤岛，而是一系列可以按需使用、不断结合业务需求动态扩展的一系列服务的集合。云服务不再是离散的内部系统，而是将内外连接、融合一体的系统。基于这样的特征，我们提出了一个新的思考模式，即：

"设计一个产品，本质上是设计用户在一些特定场景、特定目标下的使用过程，是设计一系列分散的或者聚合的服务。"

这样的思考模式，使我们将静态的思维转换为动态的思维，从一个封闭的设计系统转换为一个连接的、开放的设计系统，从而更好地应对B端产品的复杂性和特殊性，并以全局的、动态的、生态的视角来看待系统的设计过程，而不是一个个传统的静态界面设计。

在这种方式下，做产品设计会强调、回归B端产品的本质，即用户不是为了"用产品"而用产品，更不是为了漫无目的地消磨时间，而是通过产品来获得必要的服务，高效地解决和处理其在业务上、管理上、商业上的问题，帮助他们降低成本，增加效益，最终帮助他们获得商业上的成功等。云服务产品的设计强调一个产品体验的全生命周期过程的管理与设计，是用户可感知的服务的各种"触点"。产品是服务的一部分，而产品成功本质上是全链路服务的成功。在面向未来的B端时代，无论产品的技术底座如何变迁，B端产品形态的服务化、连接化趋势是比较清晰和明显的。

第 4 章

必须真正"懂"业务

在产品的设计环节,尤其在产品设计的早期阶段,真正决定产品成败的往往是对业务真正的洞察与理解,对用户群体的准确把握和分析,对市场情况的准确判断,以及对商业模式的精准选择等。当然,这个过程又往往是最难的,尤其是一些专业领域,比如财务、采购、制造等,对设计师来说挑战尤甚。

术业有专攻,越是规模化的组织,在分工上可能越细致和专业。有时候设计师容易忽略对业务的理解与学习,在业务方面过于依赖产品经理的输入。这样一来,个人的职业发展必然受到局限,更重要的是,对于一个不深入理解的事物,又如何能设计得好呢?

优秀的产品经理、产品设计师,所具备的最优秀的一个品质就是"同理心(Empathy)",即在设计一个产品的时候,能够进行换位思考,从用户的角度去思考问题。而不同于 C 端产品,大多数 B 端产品业务复杂多样,不同行业、不同领域都有着各自的特点,甚至每一个客户都有着自身独特的业务需求。如果不对业务有一定的了解、学习和较为深入的洞察,很难真正理解用户,也很难建立起相应的同理心。这也是很多初入 B 端产品设计的设计师必须面对和跨过的一道门槛。如果不跨过这道业务壁垒,设计师的发挥空间就会极大受限,无法与产品经理等角色进行更充分和有效的沟通。设计师只能在产品经理的需求下去完成一些初级的界面设计工作,仅仅作为一个"设计节点"存在于整个研发过程中,而无法发挥一名产品设计师真正的设计价值。

4.1 有效沟通是必要条件

对于一名设计师而言，有两类角色极为关键，一种是上下游合作关系的产品经理（包括需求设计人员、应用架构师等），一类是产品的直接用户（有时候也有相关的间接用户等）。

而在B端产品设计领域，这两类角色显得更为重要。复杂的业务场景、业务需求，需要产品经理亦师亦友地与设计师互相交流。同样，没有真正用户的反馈，B端设计师很难真正建立起代表B端用户真实状态的"同理心"，以用户的角度去思考，去进行设计。从业务需求的理解、分析到设计转化、验证等阶段，这两类角色应该始终"伴随"产品的设计过程，而优秀的设计师往往都具备很强的有效沟通能力和素养。

4.1.1 产品经理是最好的伙伴

优秀的B端产品经理，往往都是一个领域或者行业的专家，有着很深的业务背景和大量的实践经验，对相应行业的发展有着很深刻的理解和洞察，对产品的客户、用户都有着很深入的了解，是B端产品设计师最好的老师之一。

"如果能与一位优秀的产品经理形成默契的合作关系，取长补短，把握好产品的方向和对业务的理解，是产品做成功的关键之一。"

很多优秀的产品经理，对产品设计往往也有一定的了解，也会提出很多有价值的见解及要求，部分人员还具备不错的概念原型设计能力，对产品的设计过程往往有着很强的表达欲望。

也因为B端业务的复杂性及时代特点，即使在一个组织内部，B端产品经理在通用能力体系、工作方法、对设计的理解等方面也有很大的差异性，标准化程度并不高。有些是偏后台的产品经理，对业务和架构等更为看重，有些是偏前台的产品经理，对用户体验有相对较高的理解和要求。也有产品经理从早期需求分析的角色转化而来，在一些组织里，甚至仍然明确区分产品和需求两种不同的角色。还有很多产品经理从甲方业务转型而来,也有一些从其他相关角色(比如设计师)转型而来。

这些都为设计师与产品经理的对接和沟通带来了一定的困难。当然,这个问题即使在 C 端也是存在的。不过,比较公认的是,在 B 端如果可以称之为优秀的产品经理,必然是这个领域有深刻洞察的业务专家,甚至是业务领袖。具备很好的产品规划和市场洞察能力,会成为设计师非常好的业务老师和工作伙伴。

一般来说,产品经理都会输出比较高质量的产品需求文档,通常也会区分为概要需求文档和详细需求文档,一般在文档确认前都会有相关人员参与评审。规范的、规模化组织的产品研发团队,或者大型的产品研发项目,在文档方面都会有比较高的要求。即使在以敏捷和快速为要求的项目上,这部分文档也很少省略。但是,一些传统的产品需求文档(如图 4.1 所示),在"需求的可视化"方面做得不足,在界面维度表达得不够清晰和明确。这也是产品经理和设计师在衔接上容易出现问题的地方,是需求到设计转化容易出现偏差的地方。

3)检验类型属性包括:
检验时间:整型,单位天,默认1。
是否返回检验结果:勾选选择,默认否。
是否记录检验信息:勾选选择,默认是。
是否按样本记录检验信息:勾选选择,默认否。
是否保存即审批:勾选选择,默认否。
可复检:勾选选择,默认否。
是否生成多标准:勾选选择,默认否。
4)预置检验类型包括手工检验、采购检验、完工检验、销售退货检验、库存检验。
预置交易类型:

报检点	检验类型	检验时间(天)	是否返回检验结果	是否记录检验信息	是否按样本记录检验信息	是否保存即审批	可否复检
报检单	手工检验	1	否	否	否	否	否
采购到货单	采购检验	1	是	是	是	否	否
完工报告	完工检验	1	是	是	否	否	是
销售退货接收单	销售退货检验	1	是	是	否	否	是
冻结/解冻/检验库存	库存检验	1	是	否	否	否	是

5)检验类型支持用户自定义,支持模板自定义。
6)只允许报检单维护检验类型,在报检单检验类型保存时系统自动复制相同的检验类型给检验单、质检报告。

图4.1 传统需求文档

一些新锐的产品经理，通常具备了一定的原型设计能力，可以快速地利用各种工具构建概念原型，配合相关的需求文档，可以比较清晰、准确地表达业务需求。这样的原型设计过程，甚至已经融入一些改良后的产品需求文档中。这种概念原型的使用，是产品经理和设计师之间最有效的沟通语言之一。双方都应该通过概念原型设计这种方法，对核心业务场景、核心功能、核心界面等进行讨论、分析和确认，并落实到设计计划中。

有的产品经理可能不擅长做一些概念原型设计的工作，这个时候，设计师要主动建立这种沟通语言和基线，比如通过一些简单的纸面原型工具等进行有效的沟通。而有的产品经理存在过度设计的情况，尤其是一些有着较强设计能力和表达欲望的产品经理，往往概念原型设计得非常细致，有了很多细节交互的考虑，容易在产品需求到设计转化阶段形成思维定式，挤压了设计的思考和验证环节，也不利于整个需求到设计的转化。在需求到业务的转化环节，设计师要充分利用概念原型来进行可视化的有效沟通，明确每一个核心需求、核心功能的真正诉求与目的，明确产品经理的真实和准确的意图和想法，明确每一个规格说明的设计细节，减少需求信息在传递环节的失真。

无论哪种风格的产品经理，与其合作成功的基础是找到一种共同的"语言"进行高效的协同与协作，使需求可以尽可能无损地在双方甚至多方之间进行传递。有时候，听到双方最多的抱怨就是对方没有正确理解其所表达的内容。双方在需求表达和呈现上出现了偏差，导致最终设计出现偏差，造成很多不必要的资源浪费等。通过有效的原型设计，并通过一系列流程化的反讲和评审环节，可以最大限度地提升沟通的有效性。当然，在这个过程中，如果遇到有争议的设计点，也应该进行有效的PK，找到最佳的设计平衡点。

"产品经理和设计师，应该是产品开发过程中合作最为紧密的伙伴，这个过程一旦脱节，一定会给产品带来巨大的设计风险。"

经常性的头脑风暴，激烈的产品讨论也应该是有效沟通中的必要环节。设计师们如果与产品经理们一团和气，只作为产品规划下游环节的设计实现，产品也很难做好。由于B端产品业务的复杂性，在与产品经理的讨论中，很多时候设计师往往处于下风，一些没有经验的设计师甚至有时候连问题都提不出，只能被动执行。在这一问题上，设计师一方面应该不断地修炼内功，增加业务方面的知识储备；另一方面，设计师也要建立一些用户体验方面的基准，传递给产品经理，甚至研发人员等。设计师要让大家对用户体验设计需要满足的一些要求以及设计领域的一些重点任务有基本的共识，增加大家对体验相关的设计的理解与重视，而不是把用户体验放在口头上。产品的用户体验是全体组织的共同目标，大家应该共同追求。

4.1.2 用户永远是最好的老师

在前面的内容中，已经对 B 端的客户、用户进行了比较深的剖析，大家对其特点、复杂性，以及与 C 端用户的区别也有了一些更为深刻的理解。用户永远是 B 端设计师最好的老师。

"敬畏用户，理解用户，是做出一个好产品的不二法门。"

任何一个从事 B 端产品设计的设计师，都应该努力抓住各种接近真实用户的机会，真正理解用户，挖掘和分析业务场景。

1. 传统的用户研究方法依然有效

在总体研发成本可控的前提下，高效、务实地制定一份详细的产品全生命周期的用户研究计划十分重要。在产品需求甚至更早期的产品预研阶段，可以多开展一些用户研究工作，多采用一些经典的用户研究方法，如用户访谈、焦点小组、实地研究、问卷调查等。这些研究方法依然非常有效和实用。研究过程中一定要形成一些书面的分析文档，便于后续产品阶段和未来产品发展等参考使用。

多听、多看、多分析是真正逐步抓住和理解 B 端场景的核心方法。与 C 端用户调研不同，B 端用户面临业务复杂度高的情况，因此很多时候体验设计师无法制定非常有效的调研框架，调研问题及方向容易流于表象，没有触及业务的实质，或者只涉及纯粹的设计层面的问题，而无法洞察和发现背后所隐含的业务逻辑。所以，设计师的调研过程可以与产品经理、需求人员的调研结合起来展开，互相弥补各自领域的短板，由此也可以真正地实现用户资源的合并。

另外，与 C 端用户研究过程相比，B 端用户往往由于其企业员工的身份、企业的行业特征和定位等，在调研过程中，B 端的"背调用户"即使接受邀约，在调研过程中往往也会比较敏感和谨慎，对一些涉及行业的、企业自身的问题等都会回答得比较隐晦。面对这种情况，在调研过程中要有所准备。在调研内容的设计上，尽可能地规避一些并不重要，但是从背调人员角度看，可能会觉得敏感的问题。如果可以，尽可能把调研的场地设定在比较舒适和让人放松的地方。另外，要对企业内部公开透明，比如企业内部的会议室。最后，与企业相关主管都达成调研的共识，这样也能减少一些法律风险。

通常，调研的目的是理解企业目前的痛点，产品中使用的问题，以及后续对产品的改进，一般都会受到企业的理解和支持，也能为调研打下良好的基础。在客户现场，经常会遇到客户企业问题很多，要求尽快给一个改进时间点的场景。从客户角度来看，设计师代表了提供服务的企业。对用户和企业其他主管，如果要做出可能的承诺，就一定要说到做到。如果是一些无法承诺的问题，就一定要如实告知，不要在现场进行虚假和过度承诺。

由于客户自身保密性、行业特点等原因，B 端用户的邀约和实地调研往往不如 C 端用户方便和灵活，要根据客户的时间、地点进行灵活的调整和适应。从这个角度来看，任何时候，一旦获得调研的机会，都是好的时机，对一名体验设计师来说，应该尽可能珍惜。当然，针对产品全生命周期的不同阶段，有计划、有层次地进行和推进用户调研和验证，仍然是值得推荐的、规范的做法。

当然，用户的定义范畴往往也应该包括相似产品的用户、行业友商产品的用户等。多维度去定义和寻找用户，便能够站在整个行业的立场去理解用户和场景，而绝对不仅仅是站在面向一个或几个企业的狭义的立场。

在现场调研的过程中（如图 4.2 所示），无论是 C 端还是 B 端，相关的法律文档一定要准备妥当。尤其在 B 端这样竞争激烈、敏感度高的行业，一定要在法律层面有比较充分的认知，减少不必要的麻烦和风险。

图 4.2　现场调研照片

2. 利用数据做分析

在 C 端产品领域,很多产品的发展和相关业务的推进,都非常重视运营类的活动及相关的运营数据,并依托运营数据来制定和调整业务发展的策略和产品发展的方向。对运营数据的分析,更为实时、更为准确,为产品的改进和设计也提供了更有效的信息,但需要在法律框架允许范围内展开。

很多产品设计师和产品经理对运营数据也非常敏感,养成了非常好的基于运营数据驱动的产品思维与设计思维。

在传统的 B 端产品领域,尤其是软件形态的时代,受限于产品的技术方案、部署方式,以及客户的隐私和要求等,对产品和用户数据的分析开展相对有限,重视程度也不够,并不利于产品的快速迭代和发展。

在云服务时代,产品的形态发生了本质变化,在线化已经变成了产品的基本特征。任何一个云服务系统，基本上都会配有相应的运维系统和运营系统，从系统层面和用户层面提供多维的数据支撑和分析能力。在合理合法的框架范畴内，体验设计师往往可以通过对一些非涉密公共数据的分析，及时、准确地看到一些产品的真实运行情况，从而帮助设计师更好地理解用户如何真正使用这个产品，以及在使用过程中用户遇到的问题。比如，基于友云音的用户行为分析，如图 4.3 所示。

图 4.3　基于友云音的用户行为分析

在云时代，体验设计师一定要注重数据的分析和挖掘，在数据支撑的基础上来进行体验设计和产品优化。

与此同时，一些传统的定量数据分析方法和工具依然有效。比如问卷调查，依旧是收集和反馈问题非常有效的工具，也是执行客户满意度、净推荐值等的重要工具。甚至有一些公司，通过提供在线问卷设计、投放及后续的统计分析等起步，逐渐成为用户体验分析的综合服务商，获得了极大的成功。传统定量数据分析的结果往往不能马上用来指导产品的设计工作，但是能反映出产品的在某一个阶段的真实状态。如果我们能持续有效地跟踪某个指标，比如用户满意度，会是非常宝贵的用户反馈数据。

在做数据分析时，一定要对统计学等基础知识有一定的储备，保证调研过程和分析过程的专业性，否则分析结果会影响对后续产品发展的判断。分析模型、样本的选择和管理，问卷内容的设计，分析工具的使用，后续的统计分析等都需要保持严谨和专业。

4.2 竞品分析是捷径

如何快速从 0 到 1 做产品一直是大家关注的问题。如果是一个追赶型的产品，尤其切入红海市场的产品，尽早开展竞品分析是启动设计的最优路径之一。竞品分析对产品方向的把握也是百利而无一害的，正所谓知己知彼，百战不殆。

盲目创新，风险非常高。很多有实力的企业，往往后发先至，会学习一些市场先驱者的产品经验、市场打法，并通过自身强大的综合实力取得最终的胜利。在这个过程中，充分的竞品分析必不可少。

4.2.1 分析谁

在分析谁的问题上，主要有以下一些内容：

（1）行业领先者和先行者，直接或者潜在的产品竞争对手

（2）不同市场的同一类型产品，短期内不存在直接竞争关系

（3）产品形态相似，但市场定位、商业模式等完全不相关的"相似产品"

如果市场上已经有相关的产品，在合理合法的范围内，快速地分析、学习和借鉴行业领军者，一定是最佳的路径之一。

从产品转向设计，分析的广度可以再一次进行拓展，不再仅仅聚焦在行业的领军者身上。从抽象的设计维度可以找到很多"相似设计"的产品，可以在设计上获得很好的灵感。新颖的数据呈现形式，相似的信息架构设计方案，有趣的微交互设计等，是可以作为产品设计的重要参考。

跨领域产品为什么还要使用竞品分析的方法来做呢？因为使用竞品分析的方法，更容易理解一个产品设计的全貌，能够更好地理解和掌握每一个设计背后的动因，而不是在某一个点上"较劲"。

4.2.2 分析什么

在 B 端产品的竞品分析中，基于用户体验的分析重点主要为两个方面：

（1）产品设计的维度

（2）业务设计的维度

从产品设计的维度来讲，可以分析产品的基础信息架构、功能节点的分类、菜单、样式、布局、交互形态、视觉风格等。而从业务设计的维度来讲，可以关注业务场景的划分和分析、用户群体的细分、业务流程的设计和优化等。

我们在设计友云音时，对国内外优秀的产品进行了信息架构的对比分析，如图 4.4 所示。

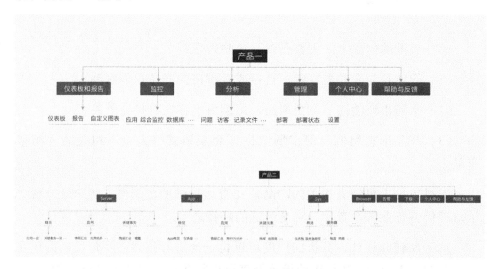

图 4.4　信息架构的对比分析

常见的分析模型（如 SWOT）都可以作为分析工具，以此从公共的维度来审视和评判一个产品的优缺点，包括设计、产品功能等方面。

综上可以看出，在分析什么的问题上，B 端产品与 C 端产品最大的不同是把业务和设计进行一体化的思考。

具体的业务场景是在对很多 B 端产品分析时候容易忽略的，也就是只分析了基本的设计，而没有分析背后的业务动因。结合具体的业务场景做竞品分析，往往能达到更好的效果。

很多设计师都会被问，这个菜单设计合理吗？这个布局是否能满足客户要求？不以具体业务设计的视角进行综合分析，以上问题是无效的。

"如果不了解一个业务场景真实发生的频率，承载数据的量级，如何去评判一个相关的菜单的设计是否合理呢？如何去评判一个数据可视化的方案是否满足要求呢？"

所以，在 B 端产品的相关竞品分析中，也一定要更多地去提炼和分析业务维度的内容，才能真正读懂一个产品。因此，从这个角度来说，竞品分析方法在体验设计领域又叫作竞品体验分析，以此来强化全链路、全流程、全业务视角的分析过程。

不可回避的是，B 端产品的竞品资料没有 C 端产品那样容易获得。作为核心竞争力，相信企业并不希望竞争对手可以轻易获得其产品资料。

有一些产品开放度较高，在其网站上提供在线的原型产品，网站上也会有一些相关的帮助资源等。有一些产品在业务模式上存在免费版（个人版）和收费版（企业版）等，也能通过免费版了解一些基础内容。但是，很多面向团队和组织的功能则无法通过简单的免费版本获得。这时候，通过购买、咨询等也能获得一些相关的产品资料。除此之外，在相关的行业大会上，有时候也可以了解一些产品的最新进展。

4.2.3　千万莫抄袭，边界要清晰

商场如战场，产品间的互相借鉴、学习等，在合情、合法、合规的基

础上是被允许的。毕竟，追求商业的成功是每一个企业的核心目标与诉求。但是，在设计维度，一定要把握好学习和借鉴的底线。

"从长远角度看，即使没有法律的约束，用户对抄袭的产品也会嗤之以鼻，这样的产品也不会有真正的生命力。"

在充分借鉴、学习的基础上，再提炼和创新，在自身产品定位的基础上进行设计，才是一个比较务实的、比较现实的产品设计路径。

作为一名体验设计师，一定要把握好借鉴的边界，找到产品快速发展与原创之间的平衡，尊重每一位设计者的版权，才真正有助于产品的长远发展。优秀的设计师总能找到产品原创和创新的结合点，使之产生差异化，获得核心竞争力。

当然，和 C 端产品设计一样，在 B 端产品设计领域，同样出现了产品设计同质化的现象。这是因为在交互框架层面，产品特征越来越接近，甚至形成了一些典型的产品公共特征。

比如，图 4.5 就是 SaaS 领域非常典型的 Dashboard 布局。它在设计上很常见，同质化也比较明显。

图 4.5　典型的 Dashboard 布局

这个时候，通过产品自身品牌的延展，赋予产品更多属于企业自身特点的元素，并提供更多优秀的服务内容，才是产品真正的设计方向。如果在产品短期商业利益与长期产品发展的诉求之间没有一种良性的互动与平衡，相信产品也很难取得成功。

第 5 章

场景驱动的设计

在产品设计的早期阶段,为了更准确地理解与描述业务需求,我们会将各种需求文档进行场景化、具象化的设计与描述,再结合相匹配的产品概念原型模块,形成一个个生动的故事,整个过程内部称之为用户体验需求建模。

这样的场景故事,涵盖了角色、细分的业务场景以及相应原型界面,既保留了业务需求的准确性和完整性,又使得整个需求过程便于相关人员理解和学习。在这种场景化的影响下,也时常能挖掘新的设计机会与需求,找到一些创新的设计灵感。

这种方式,一方面连接产品经理及其提出的业务需求,另一方面连接用户及其真实感受,从而构建一座多方沟通与协作的桥梁,产生一种更好理解的、统一的"世界语"。这个过程是对传统需求调研过程和相应文档的补充和增强,使得整个需求调研过程的阶段性产出更为"可视化",使需求分析与设计过程之间的衔接更紧密,也能弥补业务需求到设计转化过程中易脱节的地方,保证需求能够较为准确和高效地转化为设计。

5.1 场景的划分与来源

在产品设计相关的领域,"场景化"已经不是什么新鲜词汇,很多产品在宣传时也经常用场景化来作为卖点,可见其价值。本质上说,场景化所表达的理念即是以用户为中心的产品设计思想，强调产品能够准确地匹配用户真实的业务场景和使用场景，匹配组织中不同分工的业务角色。场景从何而来，如何提炼和分析，又如何真正融入产品的设计过程，并不是一蹴而就的事情。

在产品需求分析阶段，会开展以用户为视角的用户调研，结合产品经理的分析，大量沉淀为设计资产的设计经验等，提炼和分析若干个贴近用户真实使用时的场景。这些场景将作为设计早期的核心"需求"，是体验设计的基础，有时候也会认为是 B 端产品体验设计事实上的起点。

5.1.1 场景的划分原则

在具体的设计过程中，我们希望把枯燥和难懂的流程图、抽象和复杂的业务描述，提炼成一些重要的公共场景，把这些场景用图和文字进行说明。这些带有具体的角色人员，具体的工作和操作目标的信息，可以让所有参与者真正理解业务，真正理解产品要在一个业务场景中所发挥的作用。

真实的 B 端业务场景是多种多样的。从业务场景角度出发，有工程类的现场作业场景、日常办公场景、差旅场景、特定的专业领域场景等，而这些都需要结合具体的产品、业务、用户等来综合判断与分析。如何从复杂的场景中来梳理和定义核心的业务场景呢？可以通过以下一些简单原则，作为判断和后续划分的依据：

（1）高频业务

（2）公共模块

（3）主流程

（4）特定角色

（5）细分场景

1. 高频业务

B 端产品是围绕业务做设计的，所以高频业务场景是选取的重中之重。一般来说，除非是非常庞大的业务系统，否则有代表性的、高频的业务场景往往也不会特别多。比如，一个传统的财务系统，很多财务人员的一个高频业务场景就是录入凭证（会计最常用的凭证界面如图5.1所示），而财务总监的一个高频业务场景就是审核与校对财务数据，及时地分析公司的财务状况和潜在风险。而一些高管人员的高频业务场景可能就是查看三大报表，了解公司的整体经营情况等。特别要提一下，随着新的智能财务服务的发展，"业财一体化"的深入，很多传统手工录入凭证的场景正在消失。在很多组织，这样的场景虽然还未完全消失，但已经从一个高频场景变成一个辅助的场景。而高管人员也开始通过实时在线的财务分析数据来进行业务决策，而不是按月、按年才能看到一些"不及时"的财务数据。

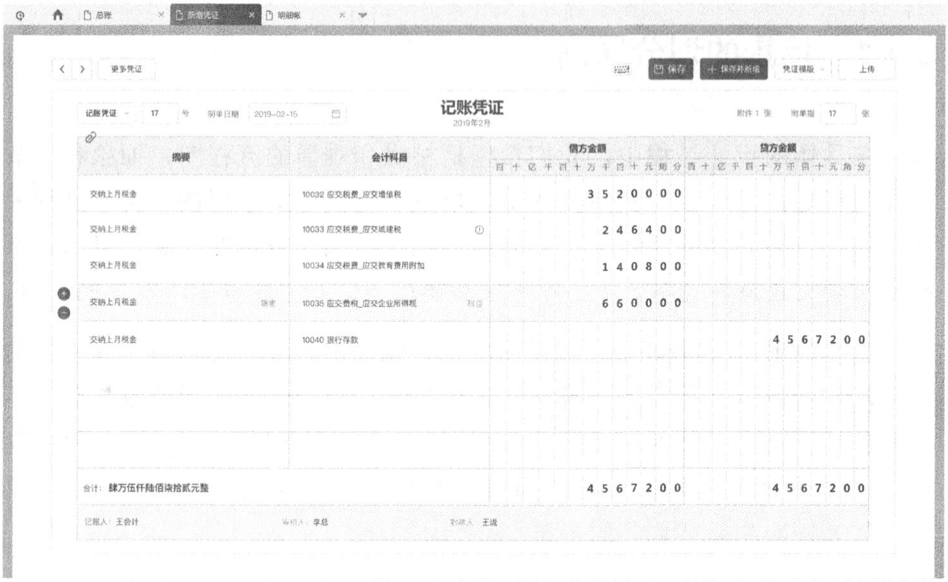

图 5.1 会计最常用的凭证界面

而在一个采购场景中，当需要采购一些物资的时候，其中一个高频业务场景就是填写采购订单（采购员最常使用的采购订单界面如图5.2所示），并由采购员把这些采购需求转化成采购订单，并通过寻源等方式找到合适的供应商。所以，这些核心业务系统的核心功能被设计用来解决用户的核心问题，也就对应和映射着一个个高频业务场景，这也是场景选取中最为重要和关键的部分。

图 5.2 采购员最常使用的采购订单界面

在 B 端产品设计中，要面临的一个大的挑战，就是业务的多样性以及非标准化。就如同财务和采购这样相对标准化的场景，也由于组织的类型及规模、行业特点、管理方式等的不同，有着很大的差异。这个也是现实中无法避免和回避的问题。面向大型组织，有时候很难提供非常标准化的解决方案，原因也在此。所以，现在比较流行的赋能型的业务中台等概念，在一定程度上也是为了应对这些个性化的场景需求和特点。

2. 公共模块

公共模块场景主要指一些看似与核心业务并不直接相关，甚至并不具备太多业务特征的场景，如登录、注册等。但是，这些场景对应的功能会被很多模块共同使用，或者说这些场景本身就是那些高频业务场景的一部分。

登录、注册等场景是比较容易理解的公共模块场景，还有一些相对容易忽略的公共模块场景，实际上又非常重要。这些公共模块配合不同的业务，可能还会延展和组合出很多细分的场景。比如，在很多业务场景中，都需要有打印能力的支撑，围绕打印就有很多细分的场景。在后面的设计模式介绍中，有专门的章节来介绍打印。又比如，在很多金融业务系统中，都有围绕客户进行身份识别的一个公共模块场景。通过银行卡、账号信息、生物识别等方式对客户进行身份识别与认证，就是一个公共模块场景。

这些看上去业务化不明显的公共模块场景，又非常重要和高频，在选取时，不应当被忽略。

一般情况下公共模块场景可以做得非常标准化，从而被其他服务共同使用，但也要结合具体的业务场景进行动态调整和配置。在很多大型的开发组织中，会有专门的开发团队来负责公共的、可被复用的能力与服务的打造。实际上这些标准化的公共模块，很多时候就是通过相应场景来分析和确认的。

3. 主流程

主流程场景实际上就代表了最为核心的业务场景及相关的组合。一般来说，如果高频业务场景选取得当，主流程场景一般不容易被忽略，两者有很多重合的部分。核心的问题还是要去描述和理解什么是主流程。前文描述了很多业务场景的例子，这些场景本身就覆盖了全部或者部分主流程。主流程是用户完成一个完整核心业务相对完整的流程，这些流程会关联一个或多个场景。

但是，在这些主流程相关的场景中，我们容易遗忘一些关键细分场景的描述。以采购场景为例，"业务人员填写请购单""采购员生成采购单"，这两个场景构成了某企业核心部分的采购主流程。但是在这个场景中，可能还蕴含着比较重要的业务人员与采购员围绕采购需求进行细化沟通、讨论的过程，而这个过程可能对应了一个非常重要的、无法被忽略的功能。所以我们强调在主流程场景的设计中，要弥补高频业务场景和公共模块场景容易疏忽的内容。

主流程场景强调的是业务闭环的严谨性、流程性和完整性，也是为了降低场景化描述过程中对于需求表达丢失和不完善的风险。毕竟，传统的需求文档虽然过于复杂，但是其数据和信息的表达往往是非常完备的。对于主流程场景的分析也是为了弥补这种不足。

4. 特定角色

很多 B 端产品设计师，应该都调侃过"以老板为中心"而不是"以用户为中心"的设计。这句话虽然是调侃，但也是很多 B 端产品发展的真实现状。一个企业或组织的最高决策层，往往不能代表使用产品数量最多的用户，但却是最重要的用户。他们往往对一个产品是否成功有着最直接的审判权，对是否使用一款产品有最终的决定权。如果没能满足这些特定角色的业务场景，对于产品在市场上的成功是非常不利的。这也是在B端产品的讨论中经常提到的B端用户的多样性。在C端产品的设计中，如果能"取悦"80%的目标用户，相信这将是一个非常成功的产品。而在B端产品的设计中，应该满足20%特定用户的需求，同时兼顾其他用户。

特定角色的业务场景和使用场景的选择一定要充分重视。很多业务系统的审批模块、高管决策看板等，都是一些特定角色工作中所涉及的业务场景。很多大型企业和组织在选型一款产品时，相关的采购负责人及相应的业务负责人，一定会关注这块产品向决策层提供了什么样的服务与能力。

5. 细分场景

在场景的选取和设定中，涉及场景划分的颗粒度大小。场景划分过大，则不利于具象化的理解，容易导致场景过于宽泛而丢失细节。而如果场景划分过小，则容易变成每一个细节功能约等于一个场景，过于碎片化，失去了场景本来的作用，无法支撑一个完整的业务流程。

在实际应用过程中，具体还是要根据业务系统的规模和复杂度来分析。可以先划出一些核心的大场景，在这些场景上再适度地进行细分。这些细分场景，应该有比较合理的颗粒度和场景单元，类似于测试过程中的测试用例。有的时候我们也借用"片段"的概念来代替细分场景的概念，即一系列片段组成一个完整场景。

场景的划分原则不是必须严格遵守和执行的，只是提供了一些场景分析的维度来帮助大家高效地提取和提炼目标场景。无论如何分类，通过已经"场景化"的需求来真正启动产品的设计过程，是非常有效的方法。有了这些场景，才能够具象地理解需求，同时也可以在一定程度上判断场景的合理性。

5.1.2 场景的来源

在梳理和提炼场景时，把一个功能模块直接映射为一个场景是常见的误区。这种方式简单地用功能介绍代替对整个场景细致的、具象化的描述，缺乏对真实用户的使用情况的具象化表达和分析，最后失去场景真正的价值。

描述一个场景，本质上是以某种代入感的形式，使应用场景的人产生强烈的参与感，从而理解真实用户使用产品完成一个任务目标的真实感觉，产生相应的同理心。这也是产品设计中设计师较高境界的追求。

有效场景的来源有很多渠道，只有贴近用户，不断与用户互动的场景才是我们需要的，否则场景就是空谈，就是形式主义，就是闭门造车。如果要打造一个标准化的产品，则需要在各种复杂的 B 端场景的基础上，做足够的抽象化处理。这也是最为考验产品人的地方。

1. 基于现场研究，从下而上

既然是场景，更能理解和准确洞察用户的场景就是现场研究。体验设计师一定要深入现场，实地观察和学习，真正理解用户如何执行一个任务，完成一项业务目标。

1）用来洗水果的洗衣机

某知名洗衣机品牌的洗衣机，质量口碑一直非常好，但在进入一个新兴市场后，经常出现质量问题，而在其他地区则没有类似的问题。厂家在现场调研后发现，当地很多水果摊位用洗衣机来清洗各种热带水果。这次调研不仅发现了问题，还发现了新的商机。这就是一个典型的场景调研，产品与目标用户的真实场景并不相符，但用户又发明了一种基于一个产品的创新场景应用。很多时候，这些场景就是产品创新的催化剂。

2）银行柜员打印的烦恼

某银行工作人员在使用某个业务系统时，在打印（套打）环节，经常放错业务单据配套的专业打印纸，导致打印错误。关于这个场景，项目经理的第一反应是用户应该通过帮助系统、培训等方式了解业务，针对不同的打印任务正确选择对应的打印纸张。但是，银行工作人员根据真实场景，反而向项目组提出了设计的改进方案，在系统界面上明确地提示打印纸的类型，或者在打印纸上明确区分（颜色）。

在 B 端产品设计中，这种思维是比较常见的。大家经常认为专业的工具应该通过培训、学习来掌握，而经常忽视用户体验方面的优化空间。其实，不复杂的场景，简单的系统改进，会带来工作效率的极大提升，也直接提升了产品的体验。

2. 基于顶层设计的抽象场景，从上而下

顶层设计的抽象场景，一方面可以对各级需求文档、产品文档中的细化需求进行场景化的描述和转化（文档中的很多内容来源于对真实用户场景的提炼）。另一方面，大量 B 端场景的历史积累都能支持场景的有效分析与设计（包括多年的产品和设计经验，相应的业务领域知识、模型及理论等）。

在一些云服务中，利用人工智能技术，很多服务实现了后台化、智能化、自动化的运转，整个过程已经不需要人工的过度干预。而在新技术、新管理思维的驱动下，创新服务无法用传统的场景来准确描述和设计，必须在理解现有业务场景的基础上，大胆地进行创新场景的设计，并交由用户和市场来验证和检验，再做调整，最终逐步形成相对成熟的场景设计方案。

5.2　场景的呈现

前文介绍了场景的划分原则、场景的来源等，在此基础上，本节介绍场景的呈现，讲解如何将场景落地成为具体的设计文档的一部分。

用户体验中常用的一些方法，如人物角色、用户情境、故事、用户体验地图等组合起来使用，都是一些高效的场景分析和呈现手段。

有些设计师喜欢在场景设计过程中投入大量的精力和资源，力求表达形式的丰富和完整，这一点我们不赞同。场景的呈现并不在于形式的表达，而在于可视化的清晰程度，需要真正反映用户在具体场景使用产品和服务的情况。如果过于在形式上投入资源，就容易忽略场景背后的需求本质，造成不必要的资源浪费。储备和制作一些场景化描述的工具和组件，可以帮助团队中的设计师快速地进行场景描述，制作场景分析文档。

1. 场景的要素

梳理和描述一个场景的时候，结合实际业务需要，应首先明确场景中涵盖的要素。一个场景的要素主要有：

（1）核心用户及相关角色，包含其自身基本信息

（2）用户的动机及行为，包含每一个场景下基本的业务和工作目标、工作任务等

（3）产品使用过程中的相关上下文，包含物理环境、系统环境、时间信息、地理位置信息等

（4）其他任何有助于准确描述一个场景的额外要素

一般来说，最为核心的要素是核心用户及相关角色。需要强调的是，不要把场景的呈现作为一个机械化的设计节点，流于形式。如果场景的呈现变成设计与研发的负担，则失去了场景化原本的目的。

2. 场景的设计

人物角色和用户情境等方法是非常流行的用户体验设计方法，适合用于描述和呈现一个场景。核心产品和核心模块的设计一定要基于在一定程度上被验证过的场景。场景或场景之间可以通过用户体验地图等带有流程信息、时间信息的描述方法，形成一张完整的需求全景图。

此外，场景的设计还要准备和积累一些常用的场景设计资源，比如帮助描述真实场景的简笔画等，可以起到补充和丰富的作用。这样，使整个场景的上下文环境具象化、可视化做得更好，同时也可以增强场景的带入感和真实性，增加设计师的用户视角。

在对用户进行充分的调研、数据分析的基础上，人物角色通过提炼、抽象和再具象化的过程而形成。具象化成"真实的用户"是这种方法的特点之一。姓名、性格、喜好、家庭情况、个人照片等看似无用无效的信息，却可以将设计师更好地带入情境，让人物角色贴近真实的用户。当然，这些角色只是提炼和抽象后的设计，完全等同于真实用户也会造成一定偏差，要稍加衡量。

用户情境则需要围绕用户的一个具体目标任务进行细化描述，包含用户具体、细分的目标和可能的实现计划和路径。在一些产品中，甚至包括具体的操作步骤、执行方案等。在描述一个用户情境的时候，比较难把握的尺度就是内容颗粒度。过多的细节描述，可能会使场景感变差，从而更像测试用例，缺乏情境的带入感。而如果过于粗线条的描述，可执行性又不强，产生空洞感。对此，基本的应对原则就是保留最重要的内容描述，而非穷举情境，或者写测试用例。有的时候，用户情境也可以与用户体验地图等方法结合起来，更完整地呈现业务场景。

用户场景可以说就是"人物角色+用户情境"的组合应用。它们形成若干有效、具体的场景。这些场景构成了一个可视化的需求模型，让所有人可以理解用户，知道用户的工作目标、工作方式和工作环境等。一个有效的场景应该如下所示。

"一个场景=若干人物角色+若干用户情境+用户体验地图+……"

把可能出现的角色与情境进行搭配，则形成了若干个"真实"场景的组合，就是设计之旅的开始。在很多创新的B端产品设计中，理解需求和对接设计不再只考虑功能点，更多地面向用户而非面向系统进行设计。从一个个场景出发，思考和完善产品的设计，使这些场景对应的需求得到满足。场景所对应的设计原型，则是最贴近用户视角的设计方案。在设计的评审过程中，功能点是否已经设计完成不再是最重要的指标，用户在具体场景下直接的、潜在的需求是否得到满足，用户问题是否得到解决成为最重要的指标。

3. 一个"收货"场景：全链条的"码"驱动

人、财、物、客等一直是B端产品的核心要素，大多数B端产品也在围绕这些要素寻求细分的业务机会。在面向简单制造业供应链环节的一个移动创新解决方案中，我们按照场景驱动的设计过程和方法，结合业务上的需求，梳理和呈现了很多核心的业务场景，并挖掘出一些创新的场景及设计机会，最后在此基础上设计出很多创新的原型，后续成功转化为产品设计方案。其中，我们把围绕"收货"业务的一个场景和概念原型分享给各位读者。

在这次的创新场景设计中,我们提出了一些基本的场景提炼原则。

(1) 只寻求移动端擅长做的设计机会,而不是 Web 端功能的映射

(2) 优先寻求作业端的移动设计机会,将移动端当成作业工具使用

(3) 必须充分利用移动端的基础设施,比如扫码、GPS 定位、分享等

基于上述原则进行提炼的场景和原型设计示例,可以让大家更直观地理解"场景驱动设计"的真实效果。

扫码操作已经是移动端最为普及的一种操作,在移动支付、唤起特定服务、身份识别等场景被广为使用。在这个创新移动设计中,我们充分利用扫码操作来支撑入库的各个场景,比如到货签收、质检、货品上架等过程。我们可以通过具象化的场景来简单描述:

第三方物流公司的司机李师傅(个人信息如图 5.3 所示),拉着 A 供应商的原材料,发给 B 客户。到达厂区大门后,直接出示系统推送的二维码(短信链接到手机),门卫人员通过扫描设备扫码后,核实其身份,园区系统识别其车牌,双重认证通过后放行。系统再自动生成推送消息到库管员的移动端,告知货品到达。库管员通过移动端扫描货品包装上的二维码,在移动端生成相应的货品清单,在核对后,确认收货。

物流公司司机:李师傅

35岁的中年男人,高中学历,驾龄18年,两个孩子的父亲

工作环境:整日与货车为伴

爱好:不出车的时候家里抱娃,闲来无事刷会抖音

吐槽:往帝都送货就得心态好,干啥都慢

痛点:路上堵,入厂慢,收货慢,干啥都得等

"最大愿望:路上车少点,客户收货快点,能让俺早点回家抱娃!"

图 5.3　李师傅个人信息

对于简单制造业原材料收货入库流程,可以用一个流程图表示,如图 5.4 所示。

第 5 章 场景驱动的设计

简单制造业原材料收货入库流程

0、发货	1、到货签收	2、质检	3、收货入库	4、领料
货车司机	收货员	质检员	上架员	
送货到约定仓库	1、扫码确认到货单 2、简单核对后确认收货	1、扫码找到对应的任务 2、哪箱有问题，扫哪箱	1、扫码找到任务，并确认货位 2、扫码确认，入库	

图 5.4　收货入库流程

具体的扫码到货签收场景如图 5.5 所示。

图 5.5　扫码到货签收场景

通过场景化的描述与呈现，辅以概念原型设计，每一个产品设计过程的参与者都能够真正理解正在发生的业务情境，也能更好地理解用户的真实诉求和业务痛点，最后在此基础上挖掘创新的设计机会。事实上，通过这些场景的抽取，我们还创新设计出电子围栏、无人自助收货等创新原型。

我们再看看质检扫码场景，如图 5.6 所示。质检员扫码确认任务，逐箱检查，遇到疑难问题可以扫码找到质检手册实时翻阅，如果质检未发现问题，扫码确认箱号，一键通过。

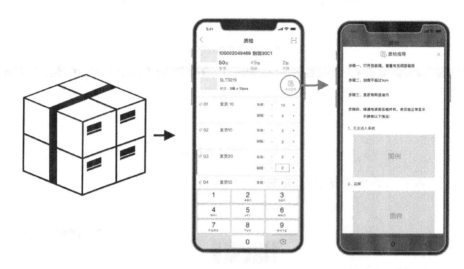

图 5.6　质检扫码场景

入库扫码场景如图 5.7 所示。入库员扫码确认入库信息，每个货品的位置信息都在手机上。上架前分别扫描货箱和货架二维码，匹配正确才可入库，整个过程既快捷又精准。

图 5.7　入库扫码场景

场景所呈现的内容并非百分之百准确无误，但是和枯燥难懂的各种文档相比，真正体现了一个"活"的业务现场。这让设计师、产品经理等人能真正融入场景中来思考产品的规划、设计，挖掘更多基于用户视角的潜在需求和创新创意。

通过这些方法对业务需求进行分析、抽象和提炼，并在此基础上再具象化的过程，其实也就是一个相对完整的场景建模过程，或者称之为用户体验需求建模过程。

5.3 场景驱动的设计过程

在产品需求阶段，产品经理和需求人员会输出需求调研、产品概要设计，以及详细需求等产品类文档。一些比较规范的研发流程里，往往也会针对核心环节和节点展开评审，当评审通过后，设计人员和开发人员才会开始后续的设计和研发工作。在概要设计和详细设计中，会有一些概念原型设计或者相对完善的高保真原型，这样有助于在阶段性评审过程中，判断相关人员对于需求的表达和理解是否准确、直观。

而在场景驱动的设计过程中，概念原型设计将与场景紧密结合。场景是设计的基础与需求来源。概念原型是解决场景需求的第一个版本，也是真正产品设计阶段的核心产出。二者构成了一个需求验证、产品设计与验证的完整闭环，形成了一个完整的需求可视化的解决方案。

5.3.1 关于原型的说明

原型是什么呢？原型可以是一个用于讨论的故事板，可以是在纸上简单勾勒的草图，可以是一些原型工具制作出来的线框图，也可以是一些比较精良的效果图。借助这些原型，产品经理和设计师可以把抽象的需求具象出来，可以把头脑中的好创意投射到虚拟或真实的世界中，可以展现一些交互过程和相关的场景。用户在这些原型的帮助下，也可以更好地给出反馈和意见。所以，原型是一个非常有效的、相对低成本的沟通工具，是需求、创意的具象化载体。原型在产品早期的用户调研、创意验证等阶段有非常大的作用。

原型在产品设计的不同阶段，扮演的角色也不相同，其设计形态和属性也有很大差别。我们提出过一套基于原型生命周期划分产品阶段的设计框架，并将产品从概念设计阶段、设计实现阶段、产品上市直至产品的末期都看成是"原型"的不同阶段。在整个原型阶段中,核心的两个阶段被划分为可抛弃原型阶段和可交付原型阶段。

低保真的可抛弃原型经常用于前期调研、需求沟通与验证等环节。而高保真的可交付原型则可以不断细化设计,用于交付至研发环节等。当然,各种原型工具的涌现,使得各种原型设计成本大幅度降低,对于高保真的定义,也在不断发生变化。

"在概念设计阶段,不应过度投入资源在高保真原型上,这不仅浪费和过度消耗研发、设计资源,并且容易使原型过早、过急地进入稳定期,固化设计者的思维,不利于早期产品需的求验证和调整。"

原型设计的保真度不同,所处的产品研发阶段不同,其功能角色也不同。

1. 快速沟通工具

在早期的需求调研和验证阶段,往往要通过低保真度的可抛弃原型,反复与用户、产品经理等进行需求的讨论与验证。原型可以是简单画在纸上的草图(比如餐巾纸上的原型,如图 5.8 所示),也可以是快速原型工具制作的线框图等。快速修正、低成本是这个阶段原型的重要特征。

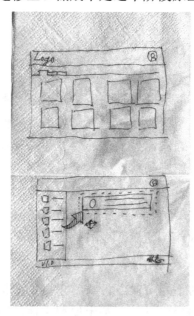

图 5.8 餐巾纸上的原型

2. 概念创意表达

产品处在开放讨论阶段时，往往是创新的一个重要的时间段，但也容易被忽略，并减少创意阶段的投入，这种情况在 B 端产品的设计中尤为突出。

低保真的概念交互原型和适当的高保真视觉风格的样稿，是非常好的创意表达和创新的载体。它们有具象化的产品形态（比如硬件外观概念设计，如图 5.9 所示）和不失核心场景的设计细节（比如智能服务概念设计图，如图 5.10 所示），但又保持着原始的设计态。概念阶段的设计承载的核心是概念创新、方向、思路等，一般不需要在细节上过度投入。

图 5.9　硬件外观概念设计

图 5.10　智能服务概念设计图

3. 需求可视化

通过具象化的设计，把枯燥、难懂的产品需求文档，把晦涩的功能逻辑流程，转化成可视化的界面、功能跳转等，并配以相应的产品功能描述，就是原型的需求可视化。

在很多团队的需求评审和讨论中，已经用原型加产品功能描述相结合的方式，代替了部分传统的需求文档。但有一点应当注意，需求可视化不代表需求的简化，更不是对需求细节的缺失。无论需求属于哪种呈现形态，其完备性和准确性都不应被打折。

在需求可视化的原型中，除了呈现流程的跳转之外，适度的细节交互展示和保真度的提升也是值得推荐的，它可以让讨论者更直观地理解产品，如图 5.11 所示。

图 5.11 需求可视化原型截图

4. 设计交付

设计交付其实就是标准研发过程中的设计部分，包括完整的交互及视觉设计方案及相关说明文档，甚至包含完整的前端实现方案。完整的阶段性设计方案，已经具备了向下游研发环节交付的能力，开发人员可以依赖、依照设计文档进行高效的开发，并作为后续验证评审环节的重要依据。

产品已经开发实现的部分有时也归为原型的一部分，即把产品全生命周期映射为原型的全生命周期，形成一个完整的原型生命周期。自然地，这个阶段的设计产出也是原型的重要部分。

这一阶段也是原型从可抛弃原型到可交付原型的转化阶段。在这个阶段，也要特别注意设计资产的沉淀和归档，为后续的设计过程奠定基础，同时避免设计过程的流失。这个阶段的原型，一般建议用相对严格的内部版本进行管理。

形式服务于内容，原型服务于做更好的产品。各种原型工具层出不穷，原型设计和制作的成本也在大幅降低，原型的作用、功能以及使用的目的也在发生变化。有些特定的场景、特定的产品形态，可以用高保真原型进行快速设计、迭代和验证，这也给产品设计过程带来很多新的可能，原型能发挥的作用也越来越大。

5.3.2 场景驱动的原型设计

在场景驱动的原型设计中，产品设计是以一个个场景为基础，组合起来形成可视化的需求输入，也是驱动产品原型化设计的过程，如图 5.12 所示。这个过程并不是不变的，场景和原型随着调研的深入、用户的输入等不断在迭代和优化。这种过程也符合以用户为中心的产品设计理念。场景与原型的组合也逐渐补充或替代部分传统的产品文档，使得研发过程及一些关键评审环节更为高效和简洁。

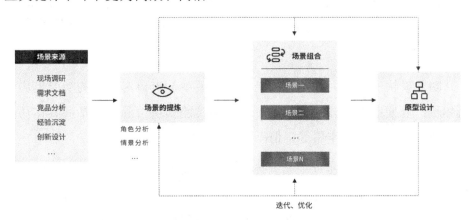

图 5.12 场景驱动的原型设计

有了一系列贯穿整个产品生命周期的场景作为设计的基础，产品经理、设计师以及相关的开发人员，就能够在整个研发过程中更好地理解和感知用户。

针对很多复杂B端业务的设计，形成了无形或者有形的边界，比如财务模块与人力模块，在多数情况下泾渭分明。而在如今各种创新型组织中，人、财、物往往是相互打通的，因为传统的领域模块也很难支撑这些组织的业务。完全基于用户场景的设计过程，则不受领域边界的束缚，真正打破了产品传统的领域边界、功能边界，让设计师真正站在用户使用的视角下来开展设计工作。这也是场景化驱动的原型设计，可以创造符合用户预期的创新模块的原因。

在原型设计过程中，结合场景的输入有几个比较关键的地方，尤其是在概念原型、可抛弃原型阶段，应当予以重视。

故事化。针对早期的需求分析，以典型的故事板的形式进行场景化、故事化的描述，使得抽象的需求转化为具象的设计实体。在B端产品的设计中，面对复杂的业务场景和枯燥难懂的业务需求，这个过程显得尤为珍贵和重要。

核心信息架构和公共交互逻辑。即使在低保真原型中，也一定要对产品的核心信息架构和公共交互逻辑有明确的、显性的原型化设计和体现，让用户可以直观地理解未来产品可能的形态、产品功能、操作和使用方法等。

功能模块的划分。在早期的低保真原型中，应该对核心的功能模块有所体现，以便向用户传递明显的、明确的功能模块信息，包括其具体功能的呈现方式、特点和作用等，但不必非常细致。

核心业务流程。通过一系列静态页面的简单组装和连接，可以快速地呈现出一个业务跳转的流程，让用户对业务间的实际交互逻辑有比较明确的认识，也容易让用户基于此来判断业务流程的合理性，这远比传统的、抽象的流程图清晰、易于用户理解，也便于结合场景分析。

在产品设计的早期环节，应当尤其重视低保真原型的使用。低保真、高保真并不是一个绝对的概念，可以通过原型与真实产品形态之间所体现的差异程度、完善程度等来区分，其相应的设计资源投入也不同。当然，随着很多高效的原型制作工具的普及，产品经理、设计师等可以用很少的设计资源制作出接近真实产品状态的原型。很多时候，这样的原型也被认为是低保真原型，或者作为低保真原型在使用。

在低保真原型阶段，垂直原型和水平原型的概念也应予以重视。垂直原型更注重深度设计和挖掘一个单点功能，能够针对一个功能点提供细化的设计和分析。而水平原型能够更针对产品的水平形态进行设计，使原型更具整体性、完备性，而不过分追求各个功能点的设计细化。

第 6 章 产品的信息架构

信息架构是整个产品设计的核心和关键所在。小到一个产品宣传网站，大到复杂的 B 端系统，甚至多系统的连接，好的信息架构都是产品成功的基础。如何进行梳理和设计，把复杂的、混乱的原始需求转化为清晰的、结构化的、面向用户视角的信息架构，是产品经理、体验设计师等人的核心工作，也是产品成功的基石。从产品设计的视角，我们定义了信息架构设计的三个层次。

（1）从混乱到有序

（2）用户视角的转换

（3）信息架构的设计载体

6.1 从混乱到有序

信息架构的设计，本质上是在业务洞察的基础上，对复杂的信息进行较为合理的组织、分类和逻辑归纳，并最终提炼产品的基础设计骨架的过程。

在业务需求调研阶段，基于不同的样本人群、不同的调查方法、不同的细分调研阶段、不同的业务场景等，往往积累了大量混乱的原始需求信息，这些信息被概括和总结为该阶段的需求调研文档。

如果想将一个相对成熟的产品推销给客户，产品经理和售前人员会以需求调研的结果为基础，说明产品满足了客户需求。即使需求未被满足，也可以通过二次开发或者生态连接的方式进行补充，形成完整的、匹配需求的解决方案。

无论是纯粹的需求分析整理，还是为了证明产品可以满足客户需求，其中包含的信息都是一个从混乱到有序、从发散到收敛，并逐步结构化的一个过程，如图 6.1 所示。在这个过程中，需要逐步理解用户，挖掘业务场景，并进行有效的业务识别，归纳整理用户的概要需求，并形成一个相对体系化的需求框架。

图 6.1　从混乱到有序

在信息架构的设计过程中，可以获得基于用户调研等相对完整的成果和结论。

（1）客户目标：客户要解决什么问题，有什么业务需求。

（2）用户：用户到底是谁，直接用户和间接用户都有哪些，用户角色有哪些。

（3）核心业务场景：基于客户的业务特点、行业特点等提炼出核心的、细分的业务场景。

（4）产品目标：产品要负责解决客户什么问题，为了解决这些问题，要具备哪些功能等。

有了以上信息的输入，原始的信息架构的设计过程就是一个标准的结构化分类过程，把离散的信息片段不断地进行有效的分类，把相似的、相关的内容逐步聚合，最终形成一个清晰的架构。可以采用自下而上或自上而下的方法。在一些特定的强化流程的产品中，也有可能是线性的结构化过程。

自上而下：这种方法基于现有产品的核心框架、现有经验等形成，并结合调研等输入的信息片段，预制的一个信息分类。自上而下的信息架构梳理示意，如图 6.2 所示。这种方法也体现了产品、商业策略等战略层面的考虑和意图，是产品定位最直接的体现。

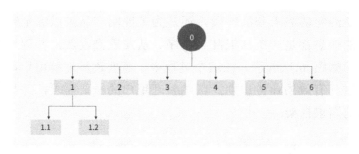

图6.2 自上而下的信息架构梳理

当然，这种方法容易缺失细节的信息片段，分类过程也受主观因素影响，并不一定准确反映用户的真实需求。比如，一个门户性质的网站，提供社会新闻、体育新闻、财经新闻等栏目，这些栏目的设置是基于大量用户和商业环境等因素决定的。而不再以特定用户调研为依据进行大范围的设计与调整。

自下而上：这种方法就是信息片段不断聚合、分类的过程。该方法从基础的信息节点开始进行分类，不断地向上聚合，形成新的层级和分组，直到所有信息片段分类完成，形成最后的一个根节点。自下而上的信息架构梳理示意，如图 6.3 所示。

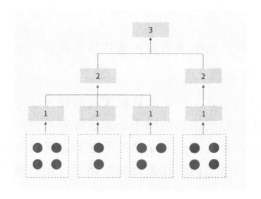

图6.3 自下而上的信息架构梳理

自下而上的方法不容易遗漏关键信息片段，整个分类过程也有比较完整的数据支撑和验证，但可能缺乏自上而下的整体性和全局性的思考，也缺乏了一些扩展性和灵活性。其优点是更为贴近用户真实的需求，有比较强的"用户活力"。

所以，很多时候，设计一个新产品的信息架构，两种方法也经常混合使用，自上而下用来设计和确认一些核心架构，自下而上用来补充和完善细节等。既有战略层自上而下的考虑，也有基础层自下而上的考虑。

时序路径：对于一些特殊的产品形态，尤其是一些细分的、强化流程的业务设计，也有一些流程化的架构形态。它们一般基于一定时序规则，而非传统的信息分类。如果把图 6.3 顺时针旋转 90°，并且把向上的箭头赋予"顺序""时间"等标签，就会形成带有时序特点的信息架构类型。时序路径下的信息架构梳理示意，如图 6.4 所示。

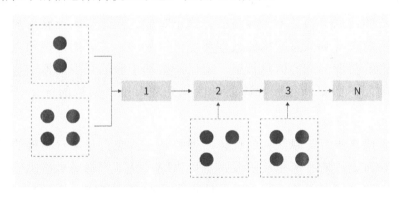

图 6.4　时序路径下的信息架构梳理

"时间"是任何实时系统都存在的维度。将用户的所有行为，跨领域的各种服务，实时的信息流等，通过一个时间轴来完整构建，就可以形成一个线性网络。基于时间组成的"连续数据"，可以智能化地加以利用，形成各种可能的创新服务，这也是信息架构设计与分析中最大的一个变化和设计机会。这样的信息视角，将越来越多地体现在未来的智能系统中。

在信息架构的梳理和设计中，有很多的软件工具和分类方法，都可以提升设计效率和设计质量。比如卡片分类方法、自动化分类工具、思维导图工具等。当然，工具都是辅助手段，收集和获取准确的信息片段，并以用户的视角进行有效分类,设计出合理的信息架构才是真正的目标。

信息架构的设计是考验每一个产品设计者能力与实力的最重要指标,也是产品设计成败的关键环节之一。

6.2 用户视角的转换

在产品信息架构的梳理和设计过程中,信息片段的分类过程应该遵循以用户为中心的基本原则。常有的现象却是产品信息结构化程度很高,但偏离了用户的认知习惯。我们经常听到的抱怨是,产品的功能完全站在系统的角度进行分类,而没有站在用户的视角进行分类。呈现给用户的信息架构形态过于功能化,而忽略了作为用户、作为使用者的业务视角。

从实践角度来说,在复杂的信息梳理过程中,一步到位来设计出完全面向用户的信息架构是不太容易的。这个时候,应该引入一些用户研究方法,让用户参与到信息架构的梳理和优化过程中,再以用户视角重新审视和分析已经初步形成的信息骨架,配以一些基于核心场景的概念原型,进行相关的用户验证和经验性评估,以此完成对现有架构的优化、调整和迭代。

引入用户进行信息架构的优化、调整是一次难得与用户碰撞的过程,是用户参与设计的一个重要阶段,也可以同步验证产品需求阶段的一些分析结论。通过信息架构的呈现及一些场景化的概念原型,用户对产品的内容和形态会有一个具象化的认识,就可以知道产品会有哪些功能模块,用来解决场景中的哪些问题。这个碰撞过程可能是剧烈的,有可能对产品概要需求阶段的一些结论产生冲突。但它又是十分有益的,所以一定要充分地倾听用户的反馈。

在与用户的互动调研过程中,应有效地对用户进行引导,并收敛和控制调研范围。聚焦在核心信息架构、核心概念原型上的讨论和验证是整个调研过程的关键。这个阶段,建议引入一些关键用户进行充分的研讨和分析,最好是对业务理解比较深刻的领袖型用户。另外,头脑风暴式的焦点小组讨论、一对一的访谈等都是有效的方法。这个阶段以定性分析为主,定量统计为辅,以较少时间成本的投入,形成优化后的信息架构框架。

在与用户交流和讨论时，除了现阶段比较抽象的信息架构基础内容之外，一定要对相应信息架构模块下的用户及业务场景提供一些具象化的说明和展示，以便让用户理解。在场景之上，可以制造一些简单但元素丰富的概念原型，立体呈现产品未来可能的真实效果，并且让用户也参与到界面的一些设计中。其实这也是隐性的信息架构的一部分。

6.3　信息架构的设计载体

当一个较为清晰的、完整的、尤其是经过用户参与设计的信息架构形成之后，开始进入下一个阶段的设计。在这个过程中，核心的交互框架与信息架构紧密相关。确切地说，具体界面阶段的设计，某种程度上都是信息架构的延展和"投影"，并能够在用户认知层面真正把信息架构所体现的业务逻辑转化为具体的用户认知逻辑。

回归具体的设计阶段，核心设计模块是信息架构落地的设计载体。

（1）导航系统

（2）布局

（3）搜索

（4）数据组织与管理

如果把系统提供的所有信息、功能都抽象定义为"数据"的话，对信息架构进行设计转化，本质上是解决用户与"数据"的交互问题。而用户与数据的交互目的多为探索数据和寻找数据，而与之对应的产品设计，一般采用"导航""搜索""组织（文件/数据）"等方法和功能来对应。不同类型的"数据"，数据的规模、时间跨度（如图6.5所示）、功能都不同。用户习惯等使多种维度的交互形态可以并存使用，并根据不同场景提供更为合理的处理方式。

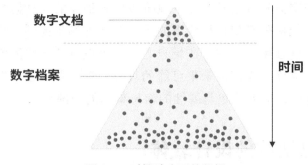

图 6.5　时间跨度下的数据

6.3.1　导航系统

导航系统包括导航菜单、面包屑、快捷导航，用于帮助用户浏览系统、定位功能模块等。在很多系统中，导航菜单就是信息架构最直接的一个体现与映射，在一定程度上它就是狭义逻辑中的信息架构设计，也是面向用户最为显性的信息架构。

如果有什么人类行为和思维模式能够在信息化之前就早已根植于人类大脑，甚至写入"基因"，并在新的计算机系统上找到映射的话，"导航"应该是其中之一。导航是对方向的判断，是对路径的选择，是基于路标、地图等一系列复杂的信息片段所构建的一个认知模型。

当商业软件产品逐渐兴起之时，各种结构化的功能菜单已经相当普及，配以一些快捷入口的设计被广为接受，如图 6.6 所示。

而从 Web 端兴起的网站设计开始，"网站导航+面包屑"和网站地图的设计成为经典。后来，移动 App 兴起，无论是苹果的 iOS 的基础设计规范，还是谷歌的 MD（Material Design）设计规范，都在系统层面和规范层面为移动产品导航设计提供了非常完善的样式和相应的约束，如图 6.7 所示。

第6章 产品的信息架构

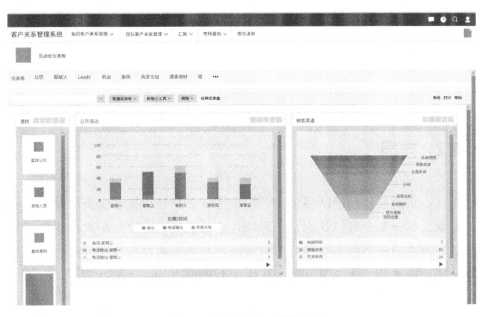

图6.6 商业软件产品导航设计

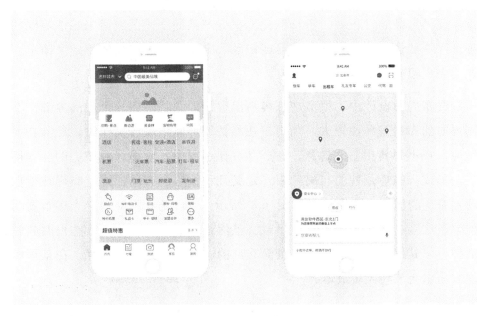

图6.7 移动产品导航设计

本质上，导航的设计可以有效地帮助用户处理高度结构化的、非海量的信息与数据。在很多产品中，产品核心信息架构的设计就约等于其产品各级核心导航的设计，即导航反映了一个系统核心的信息架构。用户在优秀的导航设计中可以高效、方便地寻找想要的数据和功能。

6.3.2 布局

核心页面整体功能区域划分、操作区域划分等，是系统页面布局的核心要素。这一部分可以认为是一种隐性的信息架构，它向用户传递产品的功能、内在设计逻辑等。设计师只考虑产品基本的布局设计，而忽略其信息架构的属性，造成深层次的产品信息未被关注。

布局不像导航设计那样，以映射的方式向用户传递产品基础、核心的信息架构，而是以一种类似"心理暗示"的方式来逐步影响用户。用户在逐步使用产品的过程中，潜移默化地形成产品的不同区域用来完成不同的细分工作的认知。对于一个产品或产品线来说，核心布局的稳定、简单、通用会大幅减少用户的认知负担。

在布局的设计中，很多产品容易出现的问题就是在一个产品内部，不同界面的布局差异性较大，当用户在相关的界面中跳转操作时，经常会不适应，找不到其想要的信息。在产品设计过程中，应该针对核心的业务场景，形成一些规范性的布局约束，定义几种核心的布局样式。布局往往也遵循统一的栅格布局系统（如图 6.8 所示）等，这让产品的绝大多数页面能够在这些布局的约束下进行呈现。虽然这样的布局会牺牲一些页面的灵活性，但其优点更显而易见，页面布局的一致性也会大大加强，在工程实现方面也会节约大量成本。

第 6 章 产品的信息架构

图 6.8 栅格布局系统

6.3.3 搜索

在大数据和智能时代,单一依赖导航已经无法满足用户对数据进行高效的探索与使用了。没有搜索功能的话,一些数据已经无法被准确和有效地获取。所以搜索早已是 B 端产品的必要组成部分,搜索设计举例如图 6.9 所示。

传统 B 端产品提供基于"小数据"的结构化的搜索能力,目前已经很难有效地应对越来越复杂的业务场景,特别是大量的非结构化的、实时的各种类型的"大数据"。很多产品和服务已经开始利用大数据和人工智能来提供更为强大的搜索服务了,也许不久后,这种方式就会彻底改变用户在一个系统上的交互形态。

图 6.9 搜索设计举例

比如，目前流行的基于自然语音交互（VUI）的各种服务，其自然语义的理解过程和结果的呈现过程，都是智能搜索服务和大数据结合的产物，如图 6.10 所示。结合 VUI 等自然交互技术的使用，用户日常生活的各方面都在发生改变。这些技术在 B 端的应用，也会越来越广泛。

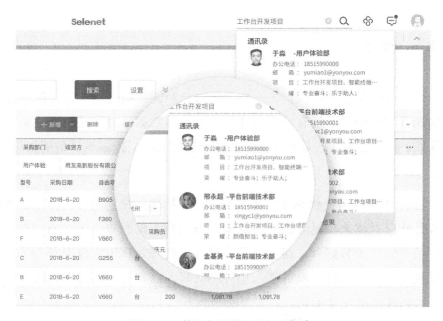

图 6.10 基于自然语义的智能搜索

6.3.4 数据与文件管理

这里讲的管理是指用户主动对各种数据、文件、功能的管理和组织，是用户以自己的认知习惯、行为方式、工作需求等为基础主动地对信息进行组织和编排的过程。对数据和文件的"组织"最经典的工具就是 Windows 操作系统上的文件管理器，它以标准的、结构化的方式给用户提供了一种组织文件的工具，如图 6.11 所示。Windows 开始图形化后，可视化的文件管理工具也是系统中最为核心的一种功能，在版本的更迭中，并未出现本质上的设计变化。

图 6.11 文件管理器示例

而随着人工智能和大数据技术的成熟，在数据的管理和组织上，也给产品设计提供了更多的可能方案和技术支撑。下面介绍两种典型的针对设计方案，都将智能技术有效地引入，帮助用户更好地对数据进行管理与组织。

1. 智能文件夹

在一些创新的云服务的设计中，我们适时引入了"智能文件夹"的概念设计,如图 6.14 所示的聚合服务的智能文件夹。很多 B 端的业务场景相对专注,比较容易记录和分析用户的使用情况、业务操作的行为、流程、及业务相关性等,从而准确理解和预测用户的意图和部分潜在需求。"智能文件夹"可以谨慎地、辅助性地帮助用户整理相关联的数据和文件,进行智能聚合和分类。与此同时,整个操作过程对用户不形成额外的困扰与干扰,用户也可以随时通过一些规则的设置停止或调整相应的智能策略。

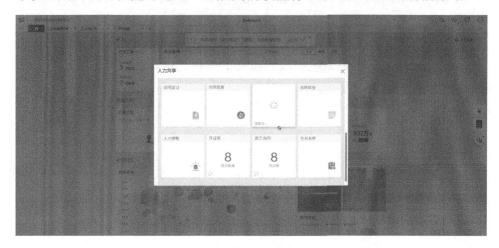

图 6.14 聚合服务的智能文件夹

除了对数据文件类信息的整理,我们还利用智能文件夹的概念尝试了另外一个设计,就是对业务功能和相关操作进行整合和关联,并且按一定的时序进行组合,还原和组装出用户真实的业务操作路径,形成一个动态的、但更接近用户真实使用情况的智能工作流。这个动态的业务流不仅在一定程度上免去了用户、IT 人员、业务专家等人的"配置之苦",还能够更准确地反映和匹配用户真实的业务场景需要。

2. 多维信息视角

现在,很多人已经使用越来越强大的智能手机代替卡片相机,甚至单反相机来进行照片拍摄,因此手机上存储着越来越多的生活和工作照片。随着照片不断增加,结构化的文件处理方式已经很难进行有效管理,因为大部分用户不会"勤快"到去实时地整理照片。这只是一个单一的以图片为核心的文件类型,如果在多文件类型下,整个处理过程会变得更加困难。

无论谷歌的 Android 系统还是苹果的 iOS 系统，都默认给用户提供结构化的图片浏览方式，如图 6.15 所示的移动端的相册。它们一般以时间为依据进行倒叙排列，这是最符合用户浏览习惯的一种设计方式，也是信息在这个场景下最为合理的呈现和组织形式之一。但是，这样的方式无法让用户从海量照片中快速定位一张特定信息的照片。比如，想找一张半年前用手机拍摄的身份证照片，寻找某年某月某日在某地与某人的一张合影，都将是非常痛苦的一件事情。传统的解决办法是用各种手工设置的文件夹、主动添加的收藏标签等，来进行有效的分类。

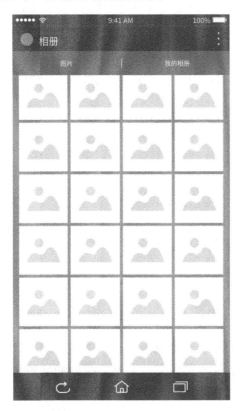

图 6.15　移动端的相册示例

当然，随着技术的进步，两大移动平台都在努力破解这个"图片浏览"难题，并且在一定程度上已经有了很好的效果。从人机交互的本质来说，这些尝试都是在努力解决人与数据的多维度的交互问题。成功与否取决于用户如何去看待这些数据信息以及系统如何提供相应的支持。

以图片数据类型为例，除了其原始的图片信息外，智能手机还提供了有效的时间、地点等。而随着智能技术的发展，系统还可以高效地分析每张图片的人物信息、场景信息等，而这些信息为这些照片补充了更多维度的数据视角，为用户的搜索提供了更多选择。用户可以去看与某一个人相关的所有照片，可以去看有海滩的照片，可以去看"欢乐时光"的照片，可以去看"周游世界"的照片，等等。如图6.16所示，展示了一个多维信息视角下的智能相册实例。

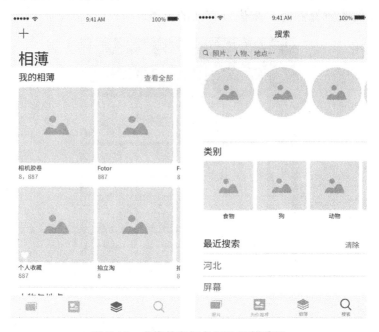

图6.16 多维信息视角下的智能相册

通过智能技术的分析和数据补充，系统可以将图片等结构化的信息存储片段，提炼出更多的信息维度，如上文提到的地理位置信息、场景信息、人物信息等。通过这些维度可以为用户对信息数据的理解和探索提供更多可能。

同样，聚焦于B端的业务场景，新信息视角的设计方法和新技术的推动，将给很多B端的数据交互带来不同的体验。以常见的、可以产生大量标准业务数据的人员、组织、业务单据、业务流程、报表分析等为例，结合业务场景信息、业务数据关联分析等不同的信息视角，可以帮助用户"看见"完全不同的数据,以便可以进行更多维度的业务分析,挖掘系统的更多价值。

在很多系统中,我们采用了这样的设计方法与思路,为用户在传统的数据分析基础上,提供更多维度的信息视角。以业务单据查询为例,用户除了可以进行常规的基于单据名称的查询与搜索以外,也可以围绕人、事件、时间、地点、业务特征等多维度的信息进行模糊搜索与查询,如图6.17所示。

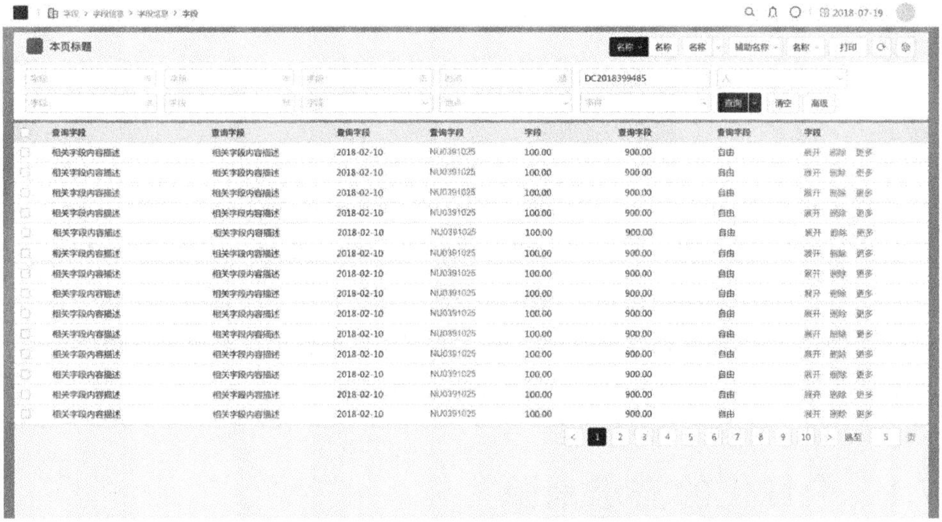

图6.17 多维搜索与筛选设计示例

回归产品设计的本质,用户查询某业务单据的目的可能并不是单据本身,而是这个单据所对接的一项具体业务,而通过这种新的信息视角,可以提供给用户更多真正有效的信息。比如,如果用户想了解参与这个业务的相关的人,就可以快速找到。反过来,如果用户知道参与这个业务的人,也可以快速找到相应的单据。

新的信息视角和数据服务,提供了一种实时的、多维信息抽象和关联的、智能的一种新的设计形态。在新的"查询"形态中,条件是"活"的,查询对象是"活"的,并且两者可以相互转化和连接。比如,寻找一个发生在上海的业务单据,可以找到处理某业务单据的相关人员,而不仅仅是流程上的审批人员。也可以了解在某业务单据生成的时候,一些额外的评论和限定条件等。

第 7 章

标准产品与个性化的平衡

产品和项目最大的不同是通用性。为一个客户做的项目，可以充分地考虑其业务特征，并尊重其在操作上的偏好，最大化地满足其个性化需求。但做产品就要考虑其通用性，满足更多的客户需求，而客户需求的多样化和产品的通用性天然存在着矛盾。怎样做好标准产品与个性化的平衡，对 B 端产品获得广泛的成功起到了相当重要的作用。

7.1 个性化的需求来源

C 端客户的个性化需求很多，但 B 端客户中存在着更多的个性化的内在需求。其分别来自客户化、角色化和用户化三方面的需求。

1. 客户化

由于客户所处行业不同，发展阶段不同，自身管理特点不同，以及所处地区、文化等不同，使得每个客户的业务都有一套自身的特点，都有一套自己的特色业务流程。可以说，几乎很难找到两家在业务上完全一样的企业。所以一款 B 端产品不做任何变化而适应每个企业是很难的。

很多 B 端产品在使用前都要经过一个客户化的过程。越是深入企业实际业务的产品，这个过程越重要。我们平时在使用日常消费品时，往往因为它给带来的价值，而让自己适应它、忍受它，从而改变了我们原有的做事流程和行为习惯。但在企业使用 B 端产品时，却很难强迫其更改原有业务流程来适应产品。企业中的一点改变，都意味着很高的成本投入。尤其像一些关键业务流程、管理流程，改动一点都可能牵涉很多企业内外部用户，造成很高的成本投入，并对业务、对企业造成很大影响。所以很难强迫企业做出太多改变，只能让产品具备更多的可配置性和灵活性来适应企业。比如采购流程，企业会根据自己的业务规模及特点，采购的物资不同等，而采用不同的采购的流程。

图 7.1 是某企业采购两种物资的不同流程，虽然其具有一定的通用性，但系统中对于业务流程的可配置性是需要适应不同客户业务需求的。

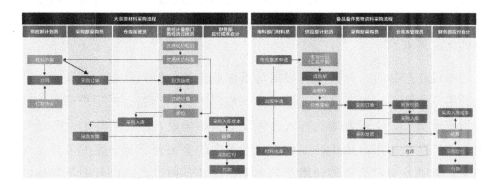

图 7.1　两种物资的采购流程

在客户使用产品过程中，往往还会根据企业内外部变化，对产品做进一步的调整以适应发展中变化的需求。比如在企业的日常业务中，可能因为部分业务调整会对整个流程做调整，并且对界面上显示的字段做微调。这种调整，虽然不是经常性的行为，但很可能是周期性的行为。比如大型企业每隔一两年就会在组织机构上做调整，业务流程可能会因为内外部的需求而做微调，这些都需要产品能做灵活的调整。

综上所述，针对客户化的需求，产品需要具有以下能力。

（1）业务流程和审批流程可配置

（2）组织和机构可配置、可调整

（3）界面显示可配置、可调整

（4）产品界面的换肤功能，可根据企业视觉识别系统（VI，Visual Identity）快速调整

2. 角色化

如果说企业的生产经营活动就像一部按照固定剧本演出的话剧，每天按照固定的流程，固定的步骤上演着相似的剧情，那么企业中的每个员工就像剧中人，扮演着自己的角色，演出着自己的剧本。B端产品作为企业日常生产经营的一部分，同样有着自己的角色。这些角色和自己在企业中的岗位、职责有关，并且因为企业信息化的特点也会产生一些新的角色。每个角色因为工作内容不同、工作特征不同、工作场景不同，因此产生了个性化的需求。

在设计产品时，一般都会根据对以往业务的分析和总结，设计一套默认的用户角色。比如当设计一套OA系统时，我们一般会把用户简单地区分为普通员工、管理者兼执行人，以及老板等角色。但在实际的业务场景中，系统默认的用户角色往往和企业业务中的真实角色有一定的差异。这种差异有时候会对用户的使用带来不便，尤其是通过系统进行业务操作的普通员工。而产品购买的决策者是企业的老板，他们更多基于系统对企业的业务价值作购买决策，而对产品的真实使用体验关注度相对较低。因此，在很多早期的B端产品中，并不提供角色化配置能力，仅对功能权限做区分，并不便于用户的个性化配置。

实际上，每个用户都有着自己独特的业务视角。用户在开始使用一款产品后，会根据自己的业务特征，构建自己的若干角色，从而产生若干个个性化的需求。设计产品之初，就应该充分预估出这部分个性化的需求，尊重这种需求的不同，提供灵活定义角色的能力。每个角色可以对应不同的信息架构、产品功能、界面等，真正实现"千人千面"，如图7.2所示。

角色化的产品，需要具备以下能力：

（1）产品功能模块可根据具体角色的需求特征重新组织

（2）具体界面信息可根据角色的关注角度来调整顺序及展示方式

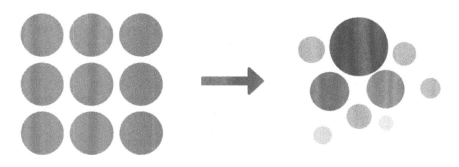

图 7.2　角色化的信息架构重构

3. 用户化

当用户使用产品时，还会产生相当多的个性化需求。这些需求来自个体用户具体的工作层面，在用户使用产品的过程中，会逐渐形成自己关注的数据。这些数据包括用户创造的数据，工作中涉及或关联的数据等。比如企业的销售人员，从角色划分上看是一样的，他们的产品视角是一样的。但在企业中，很可能因为工作细分不同，客户不同，负责的项目不同等，造成每个销售人员关注的数据不同。同时，因为用户个体不同，使用偏好不同，操作习惯不同，又会在具体的交互方式上，使得用户界面在呈现上有个性化的需求。比如老年客户因为视力衰退，往往希望界面上的文字信息字号更大，而一种字号就不能适应所有用户。

如图 7.3 所示，我们平时使用的输入法，就会根据用户使用的习惯，优先显示我们常用的文字，长期使用过后，我们会觉得输入起来效率高很多，一旦用一台全新的电脑，未曾熟悉过我们的录入习惯，顿时觉得很不习惯。

图 7.3　根据用户使用习惯优先匹配某些词汇的输入法

其实此类特性也在 B 端产品中被经常应用。图 7.4 参照部分介绍的特性，用户经常录入的客户会以推荐形式默认显示在输入框下，不再需要用户录入，既提升了输入的效率，又降低了错误的发生率。

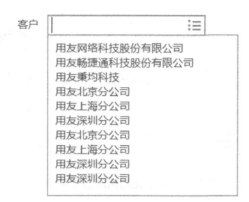

图 7.4 根据用户使用习惯显示的参照输入框

充分考虑用户层面的个性化需求,才能有效地提升产品的用户体验水平,产品需要具备的面向用户个性化的能力如下。

(1)根据用户作业历史,总结出用户常用数据

(2)根据用户的使用习惯,记录个人喜欢的交互方式

(3)界面显示的个性化设置能力,如按钮、字段显示的顺序,文字、控件显示的大小等

7.2 标品与个性化的平衡

在处理标准化与个性化关系时,我们可以根据具体情况选择以下几种策略来处理。

1. 标品+个性化

"标品+个性化"的策略:基本确定产品的形态、功能,以及用户的使用方式,只在实际使用时,对产品做小部分的个性化调整。当我们能够确定目标企业的业务、用户的使用场景以及大部分使用诉求时,往往可以采用此策略进行设计。此策略适合个性化需求较小的业务,并且客户业务应用没有较大差异。小微企业由于企业预算、管理规范度等方面的限制,也容易接受相对标准化的产品。此种策略需要在设计时先确定以下几点:

(1) 目标客户的业务场景、业务流程

(2) 用户的使用场景、主要诉求

(3) 确定产品的主形态、主流程、主功能

(4) 需要业务流程及用户界面个性化的需求

比如平时使用的企业邮箱，个性化差异很小，只需根据客户的 VI 更换皮肤，设置一些分组、分类等，如图 7.5 所示。

图 7.5　用友微邮产品示例

2. 几套模式供客户/用户选择

在 B 端产品设计中，经常会遇到同时存在几种场景的情况。客户没有最常用的业务场景，没法构建一种标准的产品形态。当面对这种情况，可以给客户或者用户提供几种模式去选择。

图 7.6 是我们曾经设计过的一款产品的任务处理场景。

当我们对企业以及目标用户进行调研后发现，由于企业管理颗粒度不一，领导做事风格不同，具体客户业务不同，一般有两种处理任务的方式。一种方式是只需看到任务的关键信息，就可以做出判断，即时处理，也就

是摘要模式；而另外一种方式是需要查看每条任务的详细信息，仔细辨别后才能处理，也就是清单模式。

摘要模式　　　　　　　　　　　清单模式

图 7.6　两种场景下的处理界面

3. 不做标品，只做能力

因为客户业务的多样性，有时还会遇到无法确定标准产品的情况。当深入大型企业的实际业务设计产品时，这种情况表现得尤为突出。面对此种情况，经常需设计出一些半成品，甚至工具。在客户化实施的过程中，将这些半成品组装成符合客户业务的成品。

严格意义上讲，ERP 产品都是半成品，因为在使用它之前都需要客户化的过程，实施配置出符合客户实际情况的组织架构、业务流、审批流，并根据实际业务的需要，配置各种单据。比如业务流程配置、审批流配置、单据模板、打印模板设置等客户化过程提供的工具。

图 7.7 的打印模板设计器，因为企业业务不同，打印样式要求又相当多样，所以我们很难设计出标准的打印样式。对这类情况，我们只能把更

多精力放在设置工具上。

图7.7 打印模板设计器

以上三种策略基本能够覆盖B端产品设计时面对的不同情况。在具体设计中,还会根据实际情况,在一款产品中的不同模块、不同功能上采用不同的策略。另外,这几种策略的最终目的是让产品的使用体验更加优秀,使产品使用价值更高。所以,我们在处理标品与个性化关系时,时刻要思考用户使用的最终效果。

第 8 章

定义产品的风格

很多 B 端产品，往往只重视业务层面的设计与功能层面的完整性，而忽略体验设计层面的沉淀与发展，产品也缺乏应有的调性与风格。而一些优秀的 B 端产品，背后往往有完整的产品品牌策略作为战略方向，完整的设计理念和规范作为基础和支撑，有的甚至有完善的设计系统，不仅服务自身产品线的发展，也服务生态伙伴和客户。

8.1 产品品牌的力量

品牌是消费者认知的总和，要塑造出一个优秀的品牌，需要全方位的努力。

做企业品牌和做产品品牌的区别还是很大的。这里对企业品牌不做过多探讨，主要说一下产品品牌。有些企业名称就是产品名称，售卖特定产品或者相关服务，如某快递公司、银行等；有些公司旗下有很多产品线与独立的产品品牌，如宝洁旗下的舒肤佳、SK-II、海飞丝、帮宝适；还有一些企业有相对独立的事业部与产品线，但是和企业 VI 之间又有衍生关系。

常见的产品品牌与公司品牌的组合如下。

（1）公司标识即是产品标识，不涉及众多产品线。

（2）公司标识衍生出产品线标识或者独立标识，与主品牌有一定相关性。

（3）公司下面相对独立的事业部与产品线的标识，与公司标识和品牌相对独立。

产品的调性与风格不仅仅与产品本身的定位有关系，也和公司品牌、竞品品牌、市场策略等情况相关。

在常见的体系中，我们经常与之打交道的是企业品牌和产品品牌，二者相互关联，甚至相互融合。以用友为例，核心的品牌是企业品牌"用友"，有相互关联的产品品牌，比如"用友云""NC Cloud""友空间""友报账"等。不同企业根据其发展阶段、所属行业等，品牌策略也不尽相同。有的主推企业品牌，弱化产品品牌；有的则强化产品品牌，弱化公司品牌；有的则齐头并进。

在企业级服务领域中，很多甲方客户关注的是提供服务的乙方公司的规模和专业化程度。多数公司都会有较强的企业品牌推广策略，会侧重对公司品牌的宣传，强化公司整体的品牌。用友、SAP、IBM、Salesforce 等大家耳熟能详的提供企业服务的公司，皆是如此。相应的，产品品牌则在有意无意间被弱化。即使投入了一定的资源进行宣传，很多客户也并不知道相应的产品名称。客户一直以来更熟知的是其正在使用用友、SAP 等提供的服务与产品。只有少数 IT 人员，更清楚这是一个什么产品、版本如何、架构如何等。反过来，在更多的消费级市场，更多的资源经常被投向了产品品牌的构建和推广。

进入实时在线的云服务时代，服务的标准化程度越来越高，只强化公司整体品牌的品牌策略似乎开始失效。此时，需要进行相应的调整，产品品牌的概念需要被加强。产品本身的特质和价值，可以在新媒体时代，更聚焦、更有效地进行传播。

一个品牌的创立与发展，因各自公司策略与市场情况的不同，在研发、生产、服务等方面的理念也是不同的。设计师在了解公司、品牌、产品、市场、客户等相关情况与定位后，才能有针对性地、准确地做出相应的设计，助力企业取得商业上的成功。

8.2 产品的设计规范

在企业级服务领域中，经常需要开发不同类型的产品，即使单一产品，也经常要持续开发新的模块，这往往需要跨部门、跨组织协同工作。而好的设计规范有助于提高产品的一致性、减少错误出现的可能性、提高开发和实施效率、减少用户学习成本、方便后期追溯检验等。同时，也能统一向用户、客户传递一致的印象，形成一定的品牌价值。

1. 一致性的价值与挑战

一致性有很多众所周知的好处，如降低认知成本、减少用户学习时间、提高工作效率、提升研发效率等。但是，在产品发展与迭代的过程中，不可避免会遇到规范相对滞后，无法满足当前产品迭代的情况。新的科学技术、新的理念的引入、用户行为的改变等也会冲击人们对已有规范的认知，甚至质疑其阻碍了产品的发展。如果产品线与产品进行了新的设计引入，也会造成特定阶段在体验上的不一致问题，中台团队也会抱怨研发压力过大。

另外，设计规范也是方便新人学习和上手的一套资源。如果规范的不一致问题多的话，在面临人员流动、关联功能对接、产品融合时，就会造成很多不确定性与资源的损耗。如何多角度、包容性地解决这些问题并满足产品快速发展已经成了一个难题。

面对上述挑战，首先应明确规范不是一成不变的。一方面是新的科技与理念在升级，另一面是内外部产品设计的最佳实践，经过提炼后进行了融合。在产品快速迭代的过程中一定的差异化是被允许的，但是要控制在一定的范围内。

产品一致性应该包含如下几点。

（1）布局一致性：保持某一种类似的结构，因为新的结构变化会让用户思考，而排列规则的顺序能减轻用户思考与记忆的负担。

（2）色彩一致性：产品所使用的主要色调应该是统一的，用来传递一致的品牌印象与风格，而功能性色彩也能形成固定的规则，方便记忆与识别。

（3）操作一致性：降低用户的学习成本。

（4）反馈一致性：系统对同一种功能和同类信息传递的呈现方式一致，使得用户与系统的沟通更加顺畅。

（5）文字一致性：产品中呈现的文字大小、颜色、布局、语言风格等都应该是一致的。

（6）声音一致性：产品中各种操作过程的声音，正向的如确定等提示声，负向的如警告等提示声。

2. 跟随产品成长

规范动态地随着产品发展而调整，我们应注重指导设计的实用性功能，而不应流于单纯的样式输出。通过同行业产品设计分析、设计最佳实践、通用产品设计准则的不断输入与融合等，相应产品规范、产品线规范，也会逐步形成统一的设计语言以及对应的评估体系，如图8.1所示。

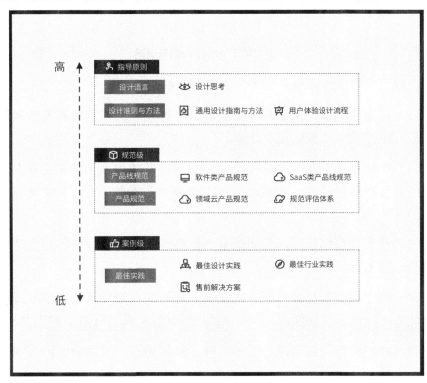

图 8.1 产品规范与评估体系

规范与评估体系在相对稳定的基础上，不应过分僵化和固化，应该不断扩充与完善，以满足未来产品发展的需要。来自各个产品的最佳实践，需要能逐渐地被融入产品规范、产品线规范之中，再以此指导同类、同场景的设计，如图 8.2 所示。

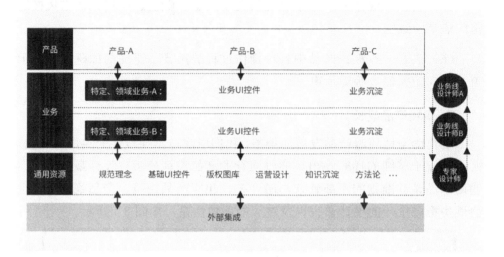

图 8.2　规范与产品的相互支撑

在规范的发展过程中，也经常会遇到一些困境：

（1）产品线众多，产品有着各自的业务特点、交互逻辑和视觉风格。甚至部分小产品和产品线无设计师。

（2）B 端业务场景复杂功能众多，提炼公共的内容无法覆盖和满足特定产品线及产品的需求。一些设计师不理解业务场景，无法有效地应用规范。

（3）在推行与执行时，各团队需要体现各自的设计价值，规范推广也会遇到一些阻力。

（4）推行后因为其各自产品线发展业务较快，迭代较快，很多新的实践和创新无法快速引入规范，不能够及时对其他产品进行引导和提供借鉴。

（5）在不同部门人员流入、流出时，规范的不一致会造成沟通成本的提高。

如果是业务庞大、产品线众多的公司，在统一规范的同时也需要思考平衡产品线、产品的不同。以用友为例，高端产品线、中端产品线不仅在业务上、定位上进行了区分，还在视觉上、交互上根据其特点进行了一定的差异化处理。

3. 寻找"简约、智慧"

在设计全新的企业云服务方面，我们提出了"简约、智慧"的设计理念，主要受到了包豪斯风格的影响，还受到了 AI 等科学技术与先进理念模型的冲击。

设计理念包括简约和智慧两方面。

1）简约

（1）企业级产品是一个效率工具，应该容易被用户"发现、开始、使用、退出"其所提供的服务；应该贴合用户的认知维度与流程；应该接受用户质疑任何可能冗余的流程与功能。

（2）简单而不失优雅，遵循简约的美学设计原则；谨慎地使用色彩，由复杂的线框构成；具有实用主义优先的视觉表达。

2）智慧

（1）人工智能是产品设计的必要条件，追求智能化，提升生产效率。

（2）人工智能与数据进行充分的结合，使智能在系统中无处不在。

在参与用友云产品的设计过程中，我们也不断同步设计、提炼、优化对应的设计规范，逐步形成了一致的设计规范与准则。在设计上秉承简约、智慧的设计理念，以用户体验模式设计、可达性设计、WCAG 2.0 标准等为依据，在以用友云产品为依托和验证的前提下进行设计，从产品信息架构、视觉、一致性、AI、增强感知、时间维度等几个方面进行了重塑。

（1）信息架构：多种信息架构方便调用，满足不同业务的产品布局与使用。

（2）一致性：保证布局、文本、交互产品上的统一，降低用户的学习成本，提高工作效率。

（3）视觉：采用了更简洁、清晰、易于识别的设计元素。整体设计品种得到了一定提升，并融入情感化设计。

（4）品牌：融合统一不只是在用户体验上得到了明显的提升，同时也降低了品牌传播成本，形成了统一的品牌印象，加深了品牌对用户的印象，提升了品牌溢价。

（5）新技术：融入 AI、增强感知、时间维度等几个新理念，使设计规范超越了组件层面，形成了一个智能系统，满足未来更高效智能的企业级需求。

第 3 部分
经典的 B 端设计模式

虽然 B 端业务以场景的多样性和复杂性著称，但并非没有公共的规律可循。比如，在以 ERP 为基础的信息化时代，大量的业务都是以"单据+流程"的方式进行处理的。而系统中"单据"的设计、"流程"的设计，都有着极强的公共属性。把这些剥离业务属性之后的设计进行抽象和优化，逐渐形成了一些公共的设计模式。这些设计模式可以应对大量不同又相似的业务场景，不仅节约了设计和开发成本，还让系统在操作、布局等上的一致性大大增强，便于用户的理解和操作。

当然，随着智能化程度的提升，这些经典的设计模式也在不断发生着变化，甚至可能消失。

第 9 章

业 务 单 据

单据（如图 9.1 所示）是对企业经营过程中某项业务的具体记录，其中包括业务发生的时间、地点、参与各方及交易明细等，可作为后续业务追溯、会计核算等需要的原始资料。

北京市卷成科技有限公司销售单NO：							
					2018 年 11 月 21 日		
单位名称	一三打印助手			付款方式	现金		
联系方式							
品　名	规　格	数量(支)	重量(吨)	单　价	金　额	备　注	
名称1	XINGHAO-1	30	1.5	1000.00	1,500.00		
合　计	壹仟伍佰元整				￥1,500.00		
1、现场验货合格需方代表签字装车，所有产品不包机械性能。							
2、数量出库时点清，出库后本公司概不负责。内在质量异议，本市三日外埠七日内提出。逾期本公司不予受理。							
3、发票三个月内开齐，过期不补。							
4、电话：							

白联：存根　粉联：客户　蓝联：仓库　黄联：财务

提货（收货）经手人签章：　一三打印助手
http://www.1sanprint.co

图 9.1　单据

单据的应用范围非常广泛，在企业生产经营活动和我们的日常生活中都有应用。比如我们日常生活中经常使用的快递单、水电费单，企业生产经营中的采购订单、销售订单，以及各种发票，都是订单在日常经济生活中的应用。

其中发票既具有一般单据的用途，也具有一种特殊的单据功能。它由国家统一监制、管理、监督使用、回收，并且受到相关的发票管理制度的约束。

9.1 经典的单据

单据在企业的生产、经营活动中发挥着重要的作用，是 B 端产品设计中最为关键的部分。理解单据的使用场景，掌握单据的设计要领，B 端产品设计问题也就解决了大半。

图 9.2 是某企业采购流程中的部分单据。出于管理的需要，在企业经营活动中，往往每个重要的业务环节都对应着一张单据，单据记录着该业务发生的信息。再加上贯穿于不同业务环节的流程，便构成了企业的业务。从实体业务单据到信息系统中的数字化单据的转变过程，实际上也是企业信息化、数字化发展的重要过程，也是记录系统扮演重要角色的过程。

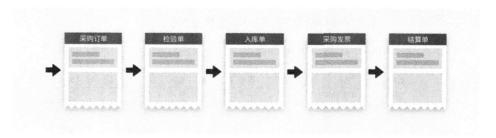

图9.2 某企业采购流程节选的部分单据

9.1.1 单据的基本模式

1. 单据的基本结构

单据最基本的作用是记录业务的发生。为实现单据的记录功能，单据界面一般都包含表头信息和表体明细信息。表头信息主要记录该业务发生的基本信息、背景信息以及相关信息，表体明细信息主要记录该业务的具体情况。

如图 9.3 所示，是经典的订单模式，表头显示了订单号、采购方、供应商等基本信息。表体明细部分记录了本次具体采购了哪些物料，还有物料的单价、数量以及计划到货时间等信息。

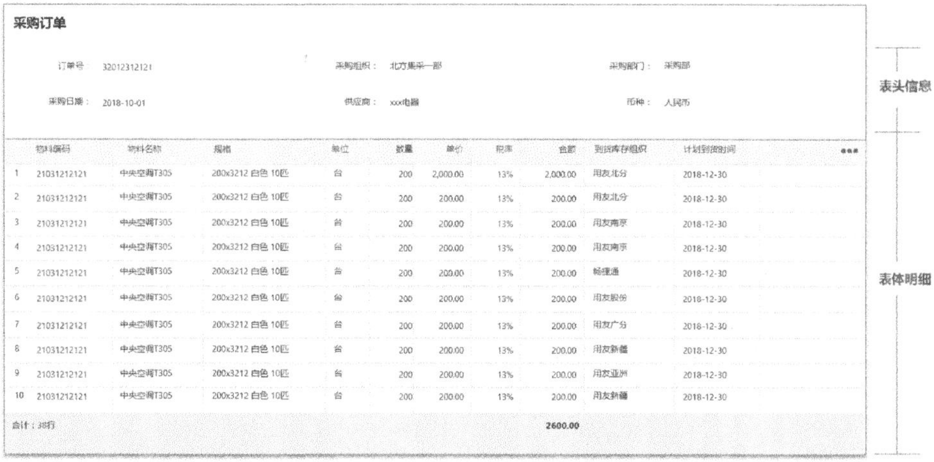

采购订单

订单号： 32012312121　采购组织： 北方集采一部　采购部门： 采购部

采购日期： 2018-10-01　供应商： xxx电器　币种： 人民币

	物料编码	物料名称	规格	单位	数量	单价	税率	金额	到货库存组织	计划到货时间
1	21031212121	中央空调T305	200x3212 白色 10匹	台	200	2,000.00	13%	2,000.00	用友北分	2018-12-30
2	21031212121	中央空调T305	200x3212 白色 10匹	台	200	200.00	13%	200.00	用友北分	2018-12-30
3	21031212121	中央空调T305	200x3212 白色 10匹	台	200	200.00	13%	200.00	用友南京	2018-12-30
4	21031212121	中央空调T305	200x3212 白色 10匹	台	200	200.00	13%	200.00	用友南京	2018-12-30
5	21031212121	中央空调T305	200x3212 白色 10匹	台	200	200.00	13%	200.00	畅捷通	2018-12-30
6	21031212121	中央空调T305	200x3212 白色 10匹	台	200	200.00	13%	200.00	用友股份	2018-12-30
7	21031212121	中央空调T305	200x3212 白色 10匹	台	200	200.00	13%	200.00	用友广分	2018-12-30
8	21031212121	中央空调T305	200x3212 白色 10匹	台	200	200.00	13%	200.00	用友新疆	2018-12-30
9	21031212121	中央空调T305	200x3212 白色 10匹	台	200	200.00	13%	200.00	用友亚洲	2018-12-30
10	21031212121	中央空调T305	200x3212 白色 10匹	台	200	200.00	13%	200.00	用友新疆	2018-12-30
合计：38行								2600.00		

图 9.3　经典的订单模式

2. 复杂单据结构

因单据所记录业务的复杂度不同，单据所包含的信息数量和信息结构也会有较大差异。

复杂单据模式如图 9.4 所示。当订单所要记录的业务信息较多时，为了提升单据的可读性，往往会根据信息属性对其分组。值得注意的是，在具体设计时，不能因为信息结构的复杂而将单据设计得过于繁复，要本着以用户实际工作为中心的原则，妥善分组，默认将不重要的信息隐藏起来，尽量给用户展示一个简单清晰的信息结构。

3. 单据的新增/编辑态

新增单据不仅是 B 端产品中非常重要的一个功能，还是企业用户日常工作中高频发生的任务。在传统 B 端产品中，大部分单据都需要人工录入到系统中。由于企业业务繁忙以及单据本身所包含的信息量很大，这就要求在设计中对单据新增的效率以及准确性有更多的考虑。图 9.5 是一张单据典型的“新增态”界面。

图9.4 复杂单据模式

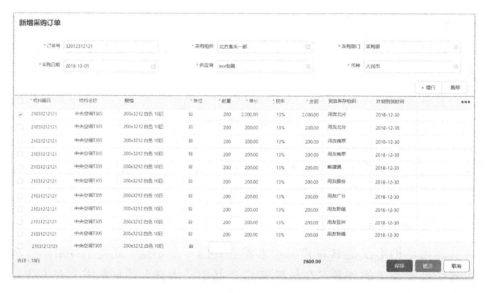

图9.5 一张单据典型的"新增态"界面

在设计新增单据时,我们必须对以下问题有所考虑并给出答案。读者可以在第5章场景驱动的设计中寻找解答这些问题的思路。

（1）需要展示的字段还可以更少吗？界面可以更简单吗？

（2）用户光靠自己，是否能顺利填写单据？

（3）怎样才能让用户填写更少的信息？

（4）是否能帮助用户避免大量机械化的录入？

（5）当无法避免大量录入时，怎样帮用户提高录入效率？

（6）用户是否频繁在多种录入方式间切换？

（7）怎样帮助用户尽量少犯错，并在出错的时候尽快纠正错误？

那么，单据的浏览态、新增态、编辑态可以用一套设计吗？如图 9.6 所示，编辑态与浏览态相比，只显示录入或修改所必要的内容。

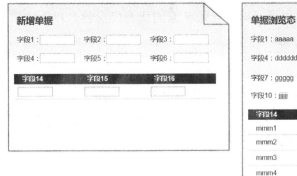

图 9.6　编辑态与浏览态单据

单据的新增态和浏览态完全不是一个设计目标。用户在新增单据和浏览单据时，关心的问题和需要完成的任务都不尽相同。在新增单据的时候，大多以准确、快速完成单据录入为目标。而在浏览单据的时候，可能因为所处场景不一样，关注的信息也不一样。并且在很多企业中，新增单据和浏览单据的人可能都不一样。

基于这些原因，我们在做具体设计时，也要尽量避免简单地将浏览态单据转为编辑态。新增单据的设计并不仅仅是一个状态问题，更应该从用户使用场景出发妥善设计。另外，在编辑态时，更要分析具体场景，很可能在新增、编辑、浏览时，需要完全不同的三个界面。简单地根据单据状态而变化的设计模板，很可能在每种状态下都不好用。

9.1.2 单据的状态

最初的单据往往只记录业务发生的结果，而对过程记录不足。但实际企业经营中很多业务的发生、发展过程还包含了大量信息，这些信息以往只在系统外人工处理，处于未被管控状态。随着企业信息化进程的加深，这些业务过程的细节也被纳入系统中。

1. 单据的业务状态

以往对业务发生只做简单记录时，一张单据的状态仅仅包含以下内容。

（1）自由态/开立态：创建后但未被提交，严格上说此状态下不是有效单据，其中涉及的金额、货品数量等在系统中可能不会被计算。这里之所以说可能不会被计算，是因为企业在具体经营中的管理习惯不一样。有的企业只要新建一张单据就要对其涉及的金额、货品数量做计算，更有甚者还会对库存中的货品做预先占用，但有些企业并不会这么做，归根结底，还是和企业的管理习惯有关。

（2）已提交：提交后的单据即为有效单据，表明其记录的信息是已经发生过的，其中涉及的金额、货品数量等在系统中均会被计算。

一些复杂业务的发生、发展其实是一个过程，往往会根据进展划分为不同的业务状态。我们也可以把这类业务中的一连串活动当成一个项目看待，每个状态类似项目的里程碑，这样就方便了企业对业务发展过程的监控和管理。

图 9.7 说明了传统的结果记录单据和项目化单据的区别，结果记录单据仅仅包含开始（自由态）、结束（已提交）两个状态，而过程管理的单据包含过程中的若干状态。

第9章 业务单据

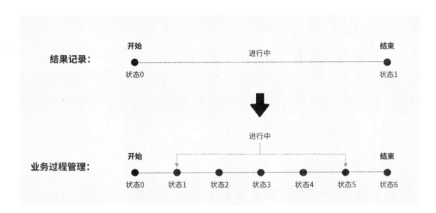

图 9.7 单据的状态

随着企业向精细化管理的发展，会出现越来越多的项目化单据，对业务的状态区分会越来越细。比如企业中经常做的采购业务，完成一个采购业务，以往会形成一张请购单、一张采购订单、一张采购发票，但采购实际发生的过程并未包含在其中。而在用友采购云服务中，会根据企业采购方式的不同，提供不同的服务，并对采购过程细分出若干状态，供企业对采购全过程进行精细化管理，如图 9.8 所示。

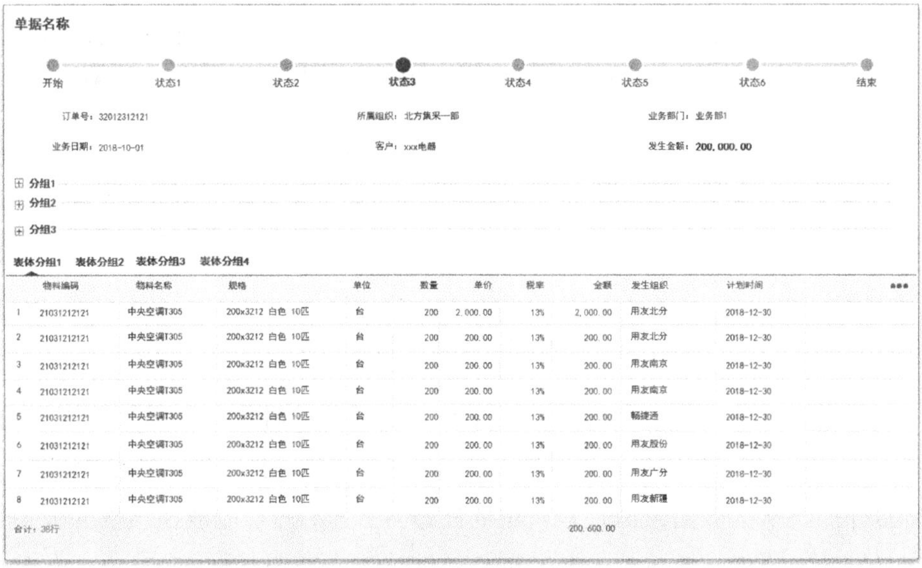

图 9.8 包含复杂状态的单据界面

当过程被细分后，一张单据所包含的信息将会增加很多。对于这种单据的设计，我们要根据用户、场景的不同，有针对性地呈现信息，只挑选当前用户在当前场景下需要的重要信息，但同时提供用户逐层深入查看信息的能力。这样才能满足企业对过程精细化管控的需求，以及用户对使用简单、直接、聚焦的诉求。

2. 单据的审批状态

企业出于管理的目的，要求重要环节经过审批。理论上审批可以发生在各个环节，但在实际的业务中，常见的审批环节是开始或结束。即新增或完成一张单据的时候可能需要经过审批。

如图 9.9 所示，有时候一张单据可能在不同状态下都需要审批，这就在一定程度上加大了单据的复杂度。在具体设计时，要从角色出发，尽量简化用户视角的信息呈现。

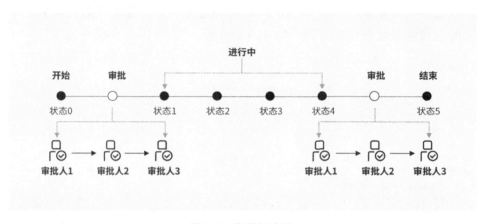

图 9.9 审批的应用

我们可以将审批功能设计成通用组件，需要的时候加到单据的固定位置。这样一方面简化了开发的工作，另一方面也给用户统一的操作体验。将组件加到单据界面顶部是较常用的处理方式。审批功能放在顶部并吸顶，便于审批者处理，并方便参考下面的单据信息，如图 9.10 所示。

第9章 业务单据

图 9.10 带有审批面板的单据界面

9.2 单据的查看、处理

单据在企业的生产、经营活动中发挥着重要的作用。在企业日常工作中，几乎每个员工都会跟单据打交道。他们每天围绕单据做着自己的工作，有的人负责创建单据，有的人负责审批单据，还有的人经常要查阅单据。

要想让带着不同目的的用户在查看、处理单据时有更好的体验，我们需要使用"场景驱动的设计"方法，根据用户角色不同、场景不同，设计不同的方案。并且需要充分考虑企业使用时的个性化需求，做好标品与个性化的平衡，以求用户最终使用时的高品质体验。

9.2.1 构建角色化的单据处理界面

在设计前，我们首先要搞清楚几个问题。

（1）哪些角色在使用同一张单据？

（2）在什么场景下使用单据？

（3）他们主要完成哪些任务？

（4）他们关心哪些信息？使用哪些功能？

（5）他们在使用中有哪些特殊需求？

为不同角色设计单据界面，本质上是为不同角色设计不同的信息查看、任务处理的方式。最好的设计肯定是基于特定角色、特定场景而设计的专属于用户的界面和相关操作。但出于成本的原因，很多系统往往只提供一套方案，再根据不同角色需求而做个性化调整。

如图9.11所示，经典的单据处理界面一般包含单据的查询区、操作区、单据列表区，便于用户查询单据、处理单据。

图9.11　经典的单据处理界面

但为了满足不同角色的需求，不同用户的单据处理界面还需要具备以下功能。

1. 根据不同角色，在不同维度上展示单据

不同角色出于不同目的打开单据处理界面，往往希望从不同的角度查看数据。采购员的单据中心，希望时刻以其工作（自己创建的单据）的执行情况为中心；而采购主管的单据中心，则希望以整体采购部的工作（所有下属创建的单据）执行情况为中心。

这就要求在查询功能的设计中加入存储方案的功能，让不同用户可以根据自己的工作需要，存储成不同数据查询维度下的方案。在默认打开应用时，根据用户想要的方式展现数据，如图9.12所示。

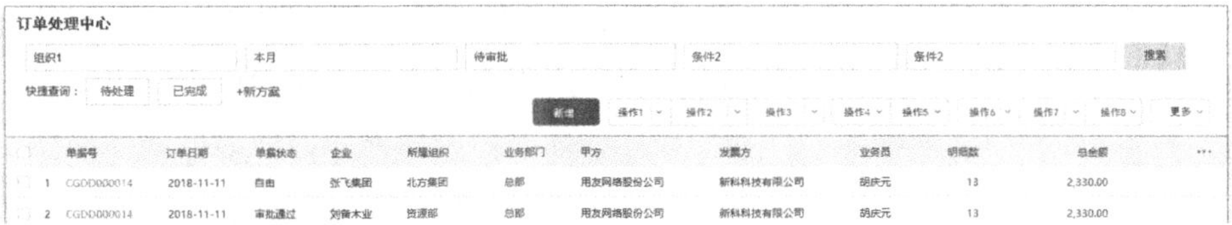

图9.12　可自定义设置的查询面板

2. 根据不同角色、不同权限、不同场景，简化操作

因具体业务复杂度不同，一张单据可能有非常多的功能操作。角色化、场景化的功能划分可以在很大程度上简化操作，并优化使用体验。

可以把单据的操作按钮根据功能进行分区、分组，并根据角色、权限、状态以及使用场景来决定具体的显示方式。

如图9.13所示，分区、分组后的按钮，可将操作变得更有逻辑性。如果产品中不同功能模块中的按钮能够以统一的方式分区、分组，用户不论在使用哪个模块，当需要相似功能时，都会在相同的分区中找到该功能，从而让产品学习、使用变得更加简单。

图9.13　分区、分组后的按钮

如图9.14所示，更加接近对象的操作按钮，会使操作更加清晰而快捷。

图9.14　表格上的行操作

3. 便于用户快速查看所关心的信息，处理自己需要完成的任务

因为企业业务的复杂性和记录颗粒度的细化，业务单据上记录的信息往往非常多。但是不同角色、不同用户往往对信息的关注角度不同。这就决定了在单据列表上必须能够根据角色、用户的不同，显示不同的字段，能够调整字段的顺序，并能够调整文字的大小，如图9.15所示。

部门	甲方	发票方	业务员	明细数	总金额	
	用友网络股份公司	新科技有限公司	胡庆元	13	2,330.00	☑ 单据号 ↑↓
	用友网络股份公司	新科技有限公司	胡庆元	13	2,330.00	☑ 订单日期
郑	用友高新股份有限公司	用友高薪	李明启	2	3,242,000.00	☑ 单据状态
体验	畅捷通股份有限公司	用友高新股份有限公司	许元元	121	30,000.00	☑ 企业
	用友网络股份公司	新科技有限公司	胡庆元	13	2,330.00	☑ 所属组织
郑	用友高新股份有限公司	用友高薪	李明启	2	3,242,000.00	☑ 业务部门
体验	畅捷通股份有限公司	用友高新股份有限公司	许元元	121	30,000.00	☑ 甲方
	用友网络股份公司	新科技有限公司	胡庆元	13	2,330.00	☐ 发票方

图9.15 表格自定义设置功能

9.2.2 不同模式的单据处理界面

因具体业务的需要和数据的自身结构特点，单据处理界面可能会有多种模式。

1. 主子表模式

主子表模式适于传统单据，为上主表、下子表的模式，便于查看单据明细信息，可以避免列表/详情页之间的频繁切换，如图9.16所示。

2. 主子表拉平模式

很多业务操作都更关注单据的明细部分，因此将明细信息直接显示出来，弱化表头部分的显示方式，更便于操作，如图9.17所示。

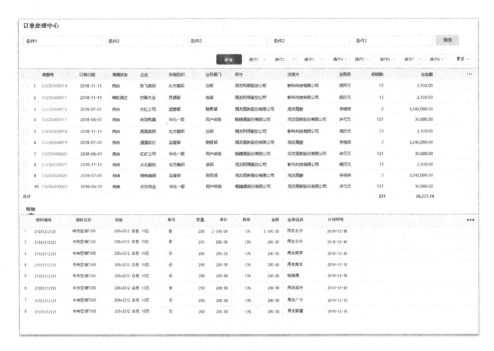

图 9.16 主子表模式的单据处理界面

图 9.17 主子表拉平模式的单据处理界面

9.3 多端的一体化

随着移动互联网的发展，在企业应用丰富的场景中，移动端使用的需求也越来越多。随时随地办公、碎片化处理事务也成为 B 端产品渗透的一个卖点。前几年，产品将 PC 功能节点，尤其是各种业务单据，全部适配到移动端的案例不胜枚举，这也造成移动终端显示效果不佳，过多内容导致系统无法承载和操作。如何利用不同终端的优势，使各终端优势最大化，形成多终端协同工作，也就成了值得我们思考的一个问题。

移动端与 Web 端一体化的设计模式，对改进多终端产品的体验有着非常好的效果。其理念是不同终端作为各自的延展与补充，充分发挥移动端的能力和场景需求，打破传统"移植"的产品思维。比如，当需要在移动端录入复杂的业务单据时，可以提供快速扫码功能（如图 9.18、图 9.19 所示），映射移动端业务场景到 Web 端，进行无缝录入（如图 9.20、图 9.21 所示）。

图 9.18　快速扫码功能

图 9.19　通过扫二维码到达指定页面

图 9.20 移动端快速录入单据

图 9.21 进行编辑、保存并返回移动端（填写大量信息）

当需要在 Web 端进行一些扫描、拍照等操作时，可以无缝连接手机，使手机变成一台 Web 端的扫描仪、照相机等，如图 9.22 所示。根据场景的变化，二者无缝连接与互动，形成一体化的系统。

图 9.22　Web 端使用手机拍照

移动端与 Web 端一体化的设计理念改变了传统意义上两个平台功能与操作同质化的问题，也解决了各终端在功能、操作、使用场景上不独立的问题。

第 10 章

流　　程

在 B 端产品设计中，经常要跟不同"流程"打交道，理解好流程，设计好流程，对产品的体验非常重要。

10.1　业务流程

在企业的日常经营中，为了对业务过程进行更好的管理，企业会梳理出一系列流程、规范以及作业标准。流程化对企业管理有着非常重要的作用，能够帮助企业各岗位的员工更好地分工合作，使企业效率更高。对于 B 端产品，设计师首先要读懂业务流程，然后才能设计好产品。

业务流程，是指为达到特定的业务目标而由不同的人分工合作完成的一系列活动。活动之间不仅有严格的先后顺序限定，而且活动的内容、方式、责任等也都必须有明确的安排和界定，以使不同活动在不同岗位角色之间进行转手交接。

图 10.1 是某企业的采购流程，涉及了五个部门、多个岗位角色、多个业务活动。

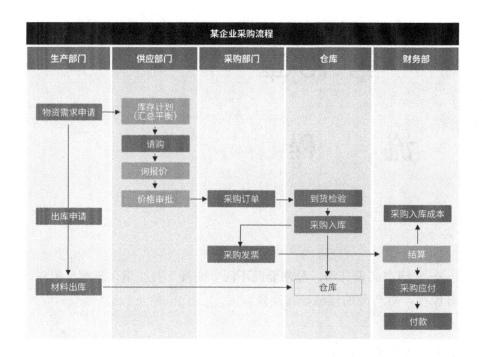

图 10.1 某企业的采购流程

业务流程大多是企业根据业务特征、自身经营特点以及资源配置情况而制定的，在业务上具有一定的通用性，但在具体应用上又充满了企业的个性。业务流程和单据是一对经典搭档，可以说"流程 + 单据 = 业务"。

每个环节的工作形成一张单据，记录着时间、地点、参与人、业务情况。当这个环节的工作完成后，进入到下一个环节的工作时，单据也会随之流转到下一个系统中对应的功能节点，并形成一张新的单据，记录新的信息。

图 10.2 是某企业采购流程中从采购到结算部分涉及的单据。

除读懂业务流程外，我们还需要应用"场景驱动的设计"方法，进一步整理出每个环节中涉及的用户、场景，以及作业的特征，并大胆地通过设计来改造流程，最后通过设计减少人员工作量，减少流程中的冗余环节，提升企业效率。这样才能设计出对客户有价值、用户体验好的产品。

图 10.2　某企业采购流程中涉及的部分单据

还记得前文介绍的"全链条的码驱动的收货场景"吗？在我们设计前，企业的收货流程原本是图 10.3 所示的样子，要经过到货签收、质检、收货入库等过程，每个环节都会有诸多问题。

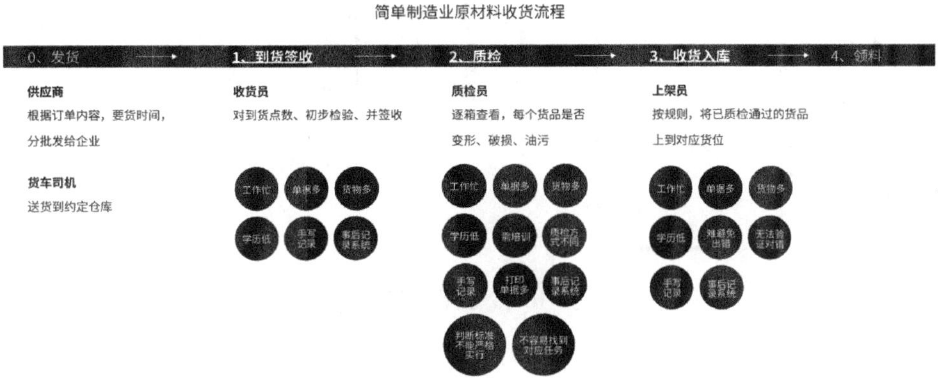

图 10.3　某企业收货流程的体验地图

经过对场景的分析，并充分利用最新技术进行了可行性分析后，我们设计了一套新的业务流程。流程简化为货车司机直接将货物送入指定仓库的电子围栏，并全自动质检、入库，大幅降低了人工成本并提升了工作效率，如图 10.4 所示。

供应商：
根据订单内容，要货时间，
分批发给企业

货车司机
运货到约定仓库，并卸货到指定的**电子围栏中，**
厂区自动质检、入库上架。
利用**GPS定位签到，拍照，确认到货**
收货方：完成入库上架

图 10.4　新收货流程

10.2　审批流程

在企业中，出于对重点业务的管理需求，除了会制定固定的业务流程方便大家协作，还会对业务关键节点做审批。简单的审批只需要在流程进行到关键节点时，将重要结果发给相应业务管理者审批。但是，由于一些企业组织机构复杂，管理严格，为了保证业务的合规与安全，需要多个角色、多个环节的审批，这个流程即是审批流程。

企业中典型的审批流程会分为几个步骤，如图 10.5 所示。

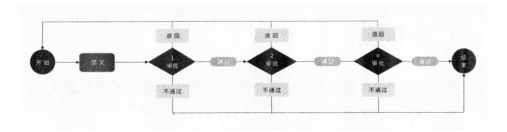

图 10.5 典型的审批流程

（1）首先员工提交需要审批的材料（系统中表现为单据）。

（2）各环节审批者会根据流程分别对材料进行审批。

（3）审批通过后会自动进行到下一步。

（4）审批不通过，就此流程结束。

（5）退回则打回到流程起点，待改进后重新走流程。

（6）审批都通过后，审批流程结束。

在实际应用中，可能会有非常复杂的流程与功能。比如除常规的审批通过、不通过、退回功能外，还会有改派、加签、抄送等。

（1）改派：当前审批人将审批材料转给其他人。

（2）加签：增加审批的步骤，在一些企业中还会有前加签、后加签。

（3）抄送：将材料同时抄送给某人或某角色。

以上只是列举一些常用的动作，在一些大型企业或者国企、机关单位中，流程和功能要复杂很多。当面对复杂而多变的审批需求时，需要将审批流程设计得更加灵活、自由，具有自定义功能。另外，需要将审批流程设计得更加模块化，可以在任何一个业务环节中加入审批过程。

在审批流程的设计中，可以运用最新的技术和巧妙的设计来简化流程。比如可以使用 RPA（Robotic Process Automation，机器人流程自动化）技术，根据企业制定的审批规则，自动判断是否符合标准，自动审批。尤其对一些每天都在发生、经常重复而不重要的事情，可以完全省去人工审批的过程，采用自动审批，自动触发业务流程。

10.3 操作流程

以上介绍的两个流程主要基于企业业务制定，在企业没有信息化前，就已经存在了，在改造优化上还有一些阻力和困难。作为设计师，可以通过对操作流程的优化来改进用户体验。

还是前文的收货案例。我们在设计前，先调研了在原 PC 系统操作下的质检操作过程，质检员分别需要进行如下操作（如图 10.6 所示）。

（1）系统中收到若干个质检任务。

（2）逐一打印质检单。

（3）带着质检单来到仓库，寻找需要质检的货品。

（4）找到货品，逐箱打开进行检查，业务操作不熟练的还需要询问老师傅。

（5）将质检结果随时记在打印出的质检单上。

（6）逐一检查完毕，回到办公室，将信息录入系统。

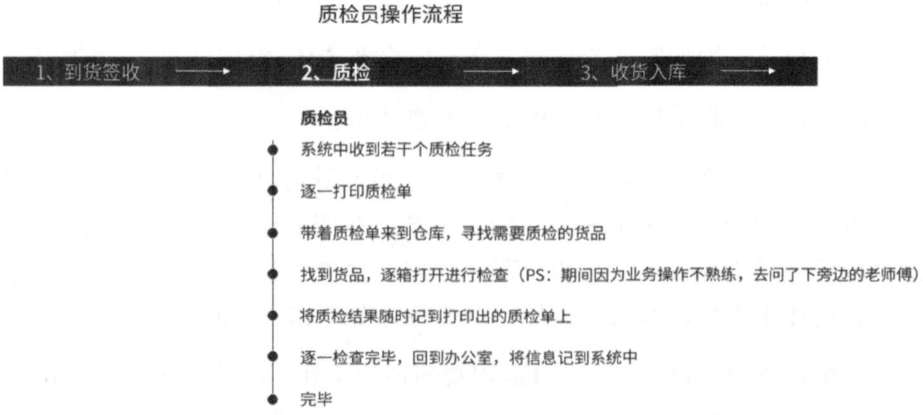

质检员操作流程

1、到货签收	2、质检	3、收货入库

质检员
- 系统中收到若干个质检任务
- 逐一打印质检单
- 带着质检单来到仓库，寻找需要质检的货品
- 找到货品，逐箱打开进行检查（PS：期间因为业务操作不熟练，去问了下旁边的老师傅）
- 将质检结果随时记到打印出的质检单上
- 逐一检查完毕，回到办公室，将信息记到系统中
- 完毕

图 10.6 某企业质检环节操作流程

这个过程烦琐，并且容易犯错。我们利用移动设备的优势，将在此场景下的操作改为如图 10.7 所示的流程。

第 10 章 流 程

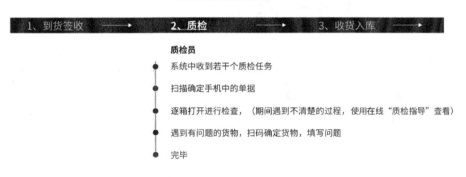

图 10.7 改进后的操作流程

整个操作流程省去了"打印单据""重复记录单据""询问老师傅"的过程,并简化了"寻找单据"的过程及记录结果的过程。

在对操作流程的设计过程中,也应遵循"场景驱动设计"的方法,并将物理实体、数字实体统一考虑,充分利用各自的特点,尽量简化用户的操作流程,并降低操作的复杂度。

第 11 章

参　　照

　　参照是 B 端产品最常用的一种输入方式,带有很强烈的 B 端管理特色。有别于开放性输入方式,当录入参照型字段值时,用户不能随意输入,需要在系统已有的数据范围中做选择。这样做既便于对企业中重要资产、资源的管理,又便于企业在不同环节的生产经营活动以及不同岗位的工作中进行更好的协同、协作。并且对于企业来说,这些存入系统中的数据本身也是一笔资产和财富。经过统计、分析后,对这些数据进行管理和优化,可以提升企业整体的生产经营效率,给企业带来更大价值。

　　如图 11.1 所示,当录入客户数据时,不能随便录入,需要在系统中已经存在的客户数据中选择。

图 11.1　典型参照输入框和参照选择器

参照带有非常强的 B 端产品特色，广泛应用于信息录入中。先看一个日常生活中最常见的案例。

平时去超市购物，当选择完商品进行结账时，买到的所有商品都会以参照输入的方式录入到系统中，同时在库存中减少相应商品的数量。这样做可以掌握日常销售及库存情况，便于及时补货，并调整销售、进货的策略。

在结账时，收银员往往会推荐我们加入会员，告诉我们加入会员会有种种好处。如果加入了会员，我们的信息就会存入超市系统，结账的时候，这一单就会以参照的方式输入到系统里所对应的会员 ID 中。在传统零售模式中，这样做主要是为了增加顾客黏性。但在今天，这些顾客信息对企业来说是非常有价值的资源和财富，可以用于统计、分析，给企业带来更大的效益，给生产经营活动带来更多可能性。

11.1 参照的基本设计模式

参照的应用场景非常广泛，在 B 端产品的方方面面几乎都有应用。基本的参照模式包含两部分：参照输入框、参照选择器。传统 B 端产品一般会将此模式应用在不同场景中。

11.1.1 参照输入框

参照输入框一般会在样式上与一般输入框有所区别，单击参照输入框右侧图标，可调出参照选择器，如图 11.2 所示。一般情况下，只能输入参照数据库中的数据。

图 11.2 参照输入框

11.1.2 参照选择器

如图 11.3 所示，参照数据以对话框方式展示，提供可能的待选内容，方便用户选择。

图 11.3 参照选择器

根据数据的结构特征，可以以不同模式展示参照数据，如图 11.4 所示。

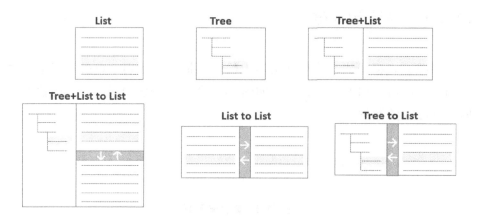

图 11.4 不同结构的参照数据展示

11.2 为不同场景提供不同能力

一种模式被应用在不同场景下,肯定会以牺牲体验为代价。要想让体验更加优秀,就必须根据不同的使用场景提供更多的能力。

11.2.1 针对熟手批量录入所需提供的能力

企业日常生产经营活动中,经常需要用户批量录入数据,其中最常见的就是新增单据,如图 11.5 所示。在新增一张单据时,其中往往包含大量需要参照输入的字段。这时不论具体的场景、业务以及使用需求如何,我们都应首先考虑帮助用户更快捷、方便地完成录入任务。

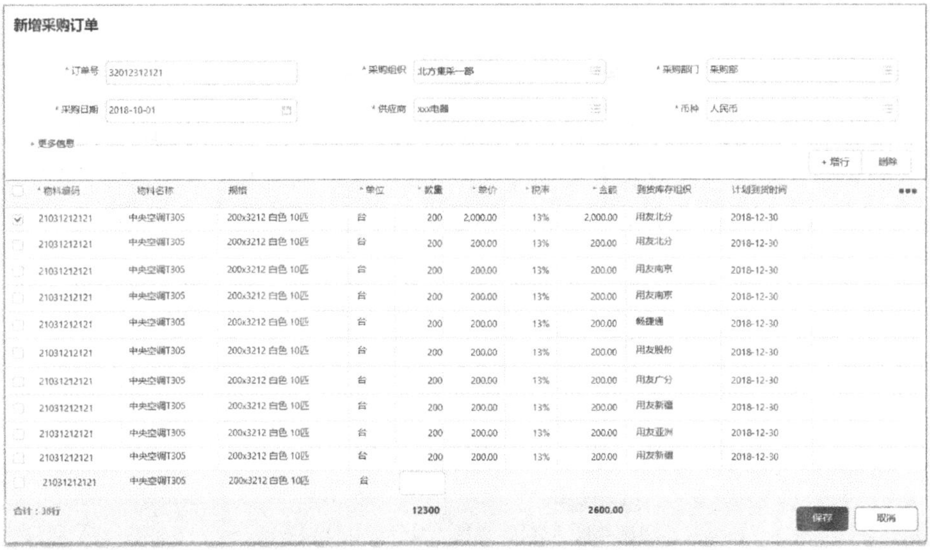

图 11.5 新增单据时的参照输入

第 1 章论述过 B 端用户与 C 端用户成长轨迹的不同。一名熟练的 B 端用户录入数据的方式和一名熟练的 UI 设计师操作 Photoshop 软件有非常相似的地方,他们往往会记录经常录入的数据的编码或名称,在录入中极少需要弹出参照选择器来选择。更重要的是,省去了键盘/鼠标的切换以及弹窗的打扰，能够极大提升用户的录入效率。基于此规律，我们的参照输入需要有以下功能。

（1）关键字模糊搜索：输入框需要支持直接录入编码或者名称，并根据录入信息模糊匹配，帮助用户快速完成该字段信息的录入，如图 11.6 所示。

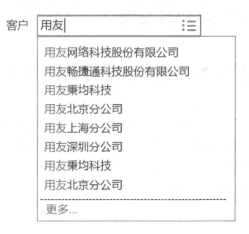

图 11.6　参照的模糊搜索能力

针对一些较难区分的字段，还应提供更多信息，供用户选择。如图 11.7 所示，由于部门可能存在相似或者相同的名称，同时显示部门的路径可以帮助用户有效区分哪个部门是自己想要输入的。

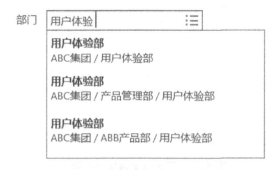

图 11.7　带有更多信息的匹配结果

（2）最近常用：根据具体用户工作的特征和使用习惯，默认显示高频录入数据，如图 11.8 所示。

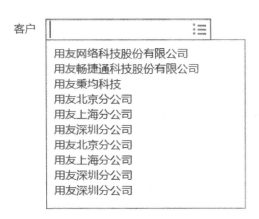

图 11.8 最近常用推荐

（3）**新增的能力**：当发现系统中没有需要录入的参照数据时，应该提供用户快速新增参照数据的功能，这对日常录入工作非常重要。

尤其对于一些需要即时开单的场景，如现场录入销售订单。客户可能并非是系统中已经存在的客户，这时提供一个方便的快速新增功能是非常重要的，如图 11.9 所示。

图 11.9 参照选择器中带有新增数据功能

11.2.2 针对生手偶尔录入时所需提供的能力

B 端系统最常见的是针对熟手批量录入的场景。但也存在偶尔录入的场景，比如报销、申请等场景。大多数用户都不会经常报销，当用户遇到这种生疏录入场景时，参照就应该具有更多能力来保证顺利和正确录入。

（1）更多的解释信息：更多的解释信息能够帮助用户正确选择参照值，降低出错发生的概率，如图 11.10 所示。

图 11.10 带有解释的参照

（2）字段解释：一些字段对新手来说较难理解，提供解释信息，可帮助新手用户正确理解该字段的含义，从而减少错误的发生概率。更重要的是，在用户理解该字段含义后，解释信息并不占用界面有用空间，可以保证整体界面的简洁高效。如图 11.11 所示。

第 11 章 参　　照

图 11.11　带有注释的参照

11.2.2　查询数据时所需提供的能力

当我们查询数据的时候，同样会用到大量参照（如图 11.12 所示），但这类场景下的需求却和录入数据时有很大不同。

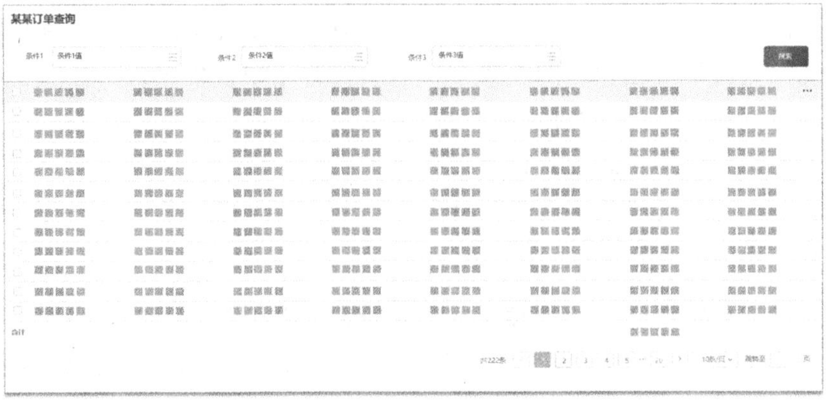

图 11.12　数据查询时用到的参照

首先，查询数据的时候，往往想要输入的查询条件并不是确定的值，而是一组规律变化的值或值的集合。比如当我们平时查询日程时，往往选择一个动态时间，大多数是本周或者当天，而不会每次查询时都录入今天的日期，或者本周这个时间段。基于此类需求，我们一般会提供如下能力。

宏变量： 根据特定场景系统会提供一组动态变化值，每个宏变量包含若干变化的参照值，供用户快速选择，并可用作默认查询值，省去每次选择的烦恼。最常用的宏变量是宏日期：今天、本周、本月、本年等，它们要比每次都录入精确的时间方便很多。还有我的客户、我的部门、我的领导、我的下属与我同部门的同事等，这些都是非常常用的宏变量，提供这些能力，会让查询时输入参照值变得更加方便快捷，也更便于用户理解。如图 11.13 所示。

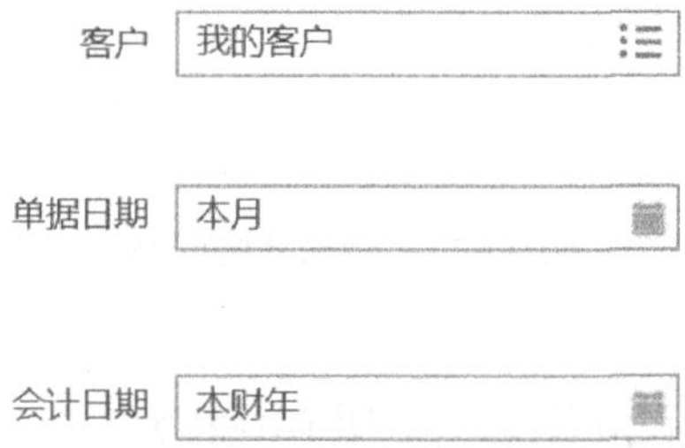

图 11.13　参照中的宏变量

宏变量也应根据场景不同而不同，不能一套变量适应不同场景。那样的话，很可能让大多数场景都不那么易用。

其次，在查询数据时，用户可能并没有准确知晓某些参照的确切值。这种场景更像平时在互联网上搜索，应该允许用户仅仅录入一些关键字段进行搜索。另外，有些时候用户可能故意录入一些不符合参照系统中的数据来搜索。比如用户想要查询用友旗下所有供应商的相关单据，这时仅仅输入“用友”，系统就能帮助查到所有包含用友字段的供应商。基于此场景，需要具备以下能力。

同时支持模糊输入和精确输入：参照输入框同时支持关键字段的模糊搜索（如图 11.14 所示）以及精确输入的搜索，从而满足不同场景需求。

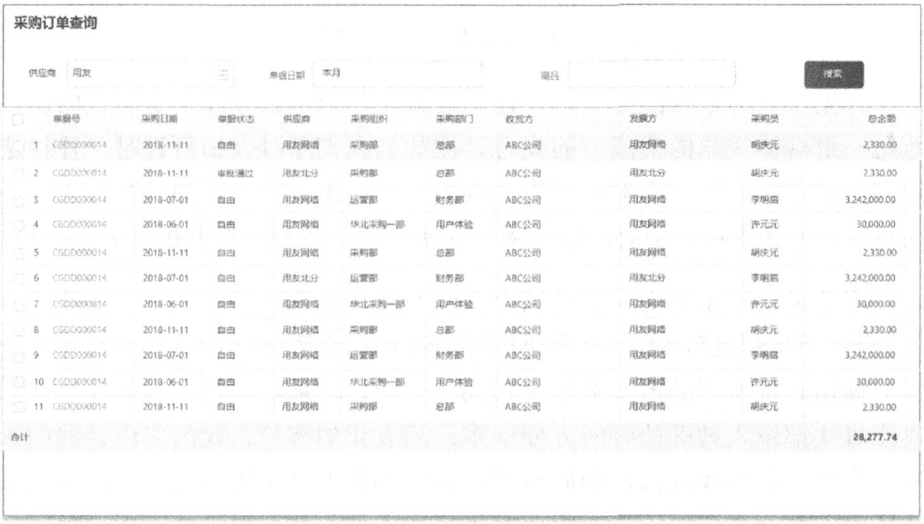

	单据号	采购日期	单据状态	供应商	采购组织	采购部门	收货方	发票方	采购员	总金额
1	CGDD000014	2018-11-11	自由	用友网络	采购部	总部	ABC公司	用友网络	胡庆元	2,330.00
2	CGDD000014	2018-11-11	审批通过	用友北分	采购部	总部	ABC公司	用友北分	胡庆元	2,330.00
3	CGDD000014	2018-07-01	自由	用友网络	运营部	财务部	ABC公司	用友网络	李明启	3,242,000.00
4	CGDD000014	2018-06-01	自由	用友网络	华北采购一部	用户体验	ABC公司	用友网络	许元元	30,000.00
5	CGDD000014	2018-11-11	自由	用友网络	采购部	总部	ABC公司	用友网络	胡庆元	2,330.00
6	CGDD000014	2018-07-01	自由	用友北分	运营部	财务部	ABC公司	用友北分	李明启	3,242,000.00
7	CGDD000014	2018-06-01	自由	用友网络	华北采购一部	用户体验	ABC公司	用友网络	许元元	30,000.00
8	CGDD000014	2018-11-11	自由	用友网络	采购部	总部	ABC公司	用友网络	胡庆元	2,330.00
9	CGDD000014	2018-07-01	自由	用友网络	运营部	财务部	ABC公司	用友网络	李明启	3,242,000.00
10	CGDD000014	2018-06-01	自由	用友网络	华北采购一部	用户体验	ABC公司	用友网络	许元元	30,000.00
11	CGDD000014	2018-11-11	自由	用友网络	采购部	总部	ABC公司	用友网络	胡庆元	2,330.00
合计										28,277.74

图 11.14　支持模糊输入的参照

11.2.3 帮助用户筛选数据的能力

参照本质上是一种出于管理目的而约束了数据规范性的输入方式。但在具体应用中，我们往往会因为规范性，而使体验变得较差。在我们调研过的用户里，对参照抱怨颇多，尤其是新手用户，他们需要较长时间适应这种输入方式。

其实参照的目的并不是堵死用户的路，而是引导用户顺着规范的道路行走。依靠技术的进步，设计方法的革新，我们可以在规范性和使用便捷性中找到一种平衡，帮助用户快捷、准确地输入参照数据。

图 11.15 是较常见的一种参照模式。这种左树右表形式虽然严谨，展现了数据的结构，但却给选择过程带来了不少麻烦。

图 11.15 典型的左树右表结构参照

一直以来，我们在怎样设计出更合理的参照形式上绞尽脑汁，但真正有多少人会耐心地按照我们设计的数据结构，一层一层查找、选择呢？

事实上针对一个字段的参照值可能非常多，但具体到某一个用户，当前所操作的应用、所做的业务，以及当前输入的上下文语境，其实可选择的数据范围并不会太大，如图11.16所示。如果再加上企业内部的业务规则和用户平时的选择习惯，则很可能会得出几个可选值，甚至某个确定值。这种对待选数据层层筛选的需求往往被我们忽略，导致简单粗暴地给用户一个大而全的数据供选择，这就难免给用户日常工作带来不必要的麻烦。

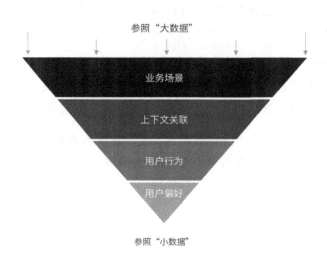

图11.16　数据筛选的过程

运用更多可收集到的信息，来缩小用户可能选择的数据的范围，将"大数据"变成"小数据"，尽量避免让用户在大数据中做选择，在很大程度上可以简化参照输入的过程。如图11.17所示，自动筛选。

选购目录：

服务	产品	服务商
财务软件	用友财务云	用友网络
云ERP		

匹配产品：
NCC
大型企业云ERP，数字化平台
YonSuite
成长型企业云服务，使能企业数字化，智能化发展

图11.17　自动筛选

11.3 移动端的参照输入

移动端的参照输入设计是一个挑战。传统 Web 端应用参照数据量大，数据结构复杂，选择复杂，为输入提供了很多快捷方式。但是，这些特性如果不做改变直接移植到移动端应用，就会遇到大量的问题。移动端的参照，需要根据其独特的使用场景来设计，才能给用户一个优秀的使用体验。

1. 移动端参照基础形态

在参照的 Web 端应用中，数据本身分为几种典型的参照结构。当参照在移动端应用时，因为操作空间的局限和移动场景的特征，除 list 模式以外，其他模式几乎无法简单照搬。

图 11.18 是三种常用参照的移动端设计，可以基本解决不同数据结构的移动端选择问题。

图 11.18　三种移动端参照应用

但我们在对用户的研究中发现，用户很少会耐心在数据中心翻阅、查找所需数据，而会用搜索这种更加直接的方式去快速查找数据。所以我们建议：

"所有移动端参照设计均应提供搜索功能，方便用户用更加直接的手段查找并输入数据。"

除此以外，我们应根据业务场景、上下文、使用历史等提供更多的推荐数据，从而省去用户查找的工作量，如图 11.19 所示。

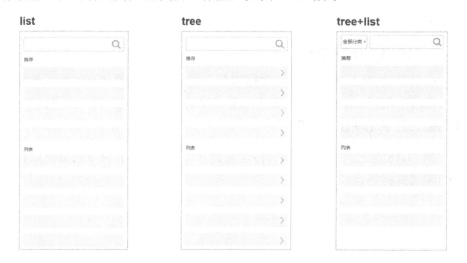

图 11.19　带推荐的参照

2. 多利用移动端特有的能力完成输入

移动端虽然不方便大量手工输入文字，但却有很多自身特有的能力，如扫描、拍照、录音、定位等能力。更好地利用这些能力不但简化了用户输入的操作流程，还能给系统带来更多的业务数据，更强大的实时信息获取能力。

比如在收货、入库等业务场景中，可以通过扫码找到订单、输入货品、找到货位等，减少不必要的移动端手工录入。同时，由于信息即时输入系统，货品在企业中、业务中的流转变得清晰透明，从而帮助企业更好地管理好自己的资源，也让业务精细化管理成为可能，如图 11.20 所示。

第 11 章 参　照

图 11.20　移动端通过扫码输入参照

第 12 章

业 务 报 表

在企业的经营管理中会产生大量数据，人们通过不同样式的报表将这些数据以合理的方式组织、呈现，从而使企业管理者可以时刻洞察企业运营状况，并以此为依据对经营策略进行调整。

前 IBM 传奇 CEO 郭士纳并无任何计算机技术背景，在其上任后通过充分研究公司财务报表，发现当时 IBM 最大的问题在于企业现金流的入不敷出。随后，郭士纳制定了一系列关键性决策，例如：出售不盈利的资产、大规模地削减企业内外部开支、创造新的商业模式等。在十年间，他成功地将 IBM 从硬件制造商改造为一家以 IT 服务为主的技术集成商。最终使 IBM 在风雨飘摇中再度崛起，重回世界 500 强。由此可见，报表为企业决策者提供了多么重要的数据支撑和决策驱动。

12.1 企业中常见的报表类型

12.1.1 企业报表的由来

远古时期的结绳计数,就是通过不同大小和形状的绳结来记录数字和发生的大小事情。在我国商代,人们用一种麻绳把竹片串在一起做成"账簿",记录简单的流水账。到了近代的清朝末期,我国民间已产生的一种同现代商业会计盈亏计算方式基本相同的复式记账方法,"天地合账",其账页均分为上、下两部分,上方记来账,叫作"天",下方记去账,叫作"地",上下所记金额必须完全相等,否则说明账务有错误,这即是早期会计的数据记录方式。

12.1.2 财务报表

到了现代商业社会,经济的发展促使了会计行业标准的产生,标准化记录企业经营活动数据的"会计三大表"应运而生,即资产负债表(如图12.1所示)、利润表及现金流量表。

严行方说过,从本质上看,会计是一个以提供财务信息为主的经济信息系统,它把商业活动的财务数据纳入系统,通过汇总处理,形成财务报表,使用者通过财务报表便可了解企业的资产经营情况,从而做出相应的决策。

由此可见,财务报表是由会计人员统计制作,专门反映企业某一时间段财务状况的一种报表类型。财务报表以季度为周期进行统计,通过季度报、半年报、年报披露企业经营状况。

资产负债表

会企01表

编制单位： 期间：20[illegible] 年 07 月 单位：万元

资产	期末余额	上年年末余额	负债及所有者权益（或股东权益）	期末余额	上年年末余额
流动资产			**流动负债**		
货币资金	36.12	320.99	短期借款	320.99	342.00
交易性金融资产	12.32	321.00	交易性金融负债	310.12	421.32
衍生金融资产	43.45	672.89	衍生金融负债	123.91	234.99
应收票据	35.12	123.00	应付票据	329.09	429.12
应收账款	12.32	344.00	应付账款	132.86	274.94
应收款项融资	43.45	434.00	预收款项	342.12	434.65
预付款项	12.32	349.89	合同负债	871.43	933.91
其他应收款	99.00	1,320.00	应付职工薪酬	833.22	783.64
存货	120.32	3,889.00	应交税费	2,981.81	3,613.40
合同资产	120.00	390.67	其他应付款	343,234.00	432,942.00
持有待售资产	1,300.00	2,089.82	持有待售负债	22,231.60	23,981.12
一年内到期的非流动资产	23.90	203.99	一年内到期的非流动负债	226,198.41	214,494.01
其他流动资产	226,198.41	432,882.00	其他流动负债	12,234.71	10,934.00
流动资产合计：	**452.981.75**	**784,981.24**	**流动负债合计：**	**532,231.91**	**714,410.09**
非流动资产			**非流动负债**		
债权投资	35.12	320.99	长期借款	35.12	320.99
其他债权投资	12.32	321.00	应付债券	12.32	321.00
长期应收款	43.48	672.89	其中：优先股	43.46	672.89
长期股权投资	36.12	123.00	永续债	35.12	123.00
其他权益工具投资	12.32	344.00	租赁负债	12.32	344.00
其他非流动金融资产	43.45	434.00	长期应付款	43.45	434.00
投资性房地产	12.32	349.89	预计负债	12.32	349.89
固定资产	99.00	1,320.00	递延收益	99.00	1,320.00
在建工程	120.32	3,889.00	递延所得税负债	120.32	3,889.00
生产性生物资产	120.00	390.67	其他非流动负债	120.00	390.67
油气资产	1,300.00	2,089.82	**非流动负债：**	**2,841.01**	**7,814.01**
使用权资产	23.90	203.99	**负债合计：**	**56,914.82**	**725,195.88**
无形资产	198.41	23.00	**所有者权益（或股东权益）**		
开发支出	328.41	12.74	实收资本（或股本）	328.41	12.74
商誉	98.41	442.00	其他权益工具	98.41	442.00
长期待摊费用	38.12	423.63	其中：优先股	38.12	423.63
递延所得税资产	324.98	230.91	永续债	324.98	230.91
其他非流动资产	123.67	541.67	资本公积	123.67	541.67
流动资产合计：	**12,453.88**	**23,981.75**	减：库存股	432.47	734.82
			其他综合收益	320.00	432.45
			专项储备	421.34	641.91
			盈余公积	123.67	541.67
			未分配利润	814.99	1,340.64
			所有者权益（或股东权益）合计	**9,881.52**	**3,581.77**
资产总计：	**478,851.98**	**856,259.09**	**负债及所有者权益总计：**	**72,981.53**	**745.981.71**

图 12.1　财务报表之一：资产负债表样例

12.1.3 销售报表

对于企业的销售管理人员来说，尽管财务报表中反映了部分销售数据，但这并不能满足他们了解市场动向、部门动态、员工业绩等更细分的需求。他们需要多指标、多维度且更加细致地了解企业一段时间内的销售情况，并且通过同比和环比数据来查看销售数据的增长情况。这就需要另外一种报表形式去记录企业的销售数据。

由于企业规模、行业及产品形态大不相同，销售报表并不像财务报表那样有着会计行业统一的标准样式，它结构更加灵活、信息量也可能更加巨大。我们常见的极复杂的"中国式报表"，大多为销售报表。另外，由于销售策略需跟随市场变化进行不断改进，销售报表的统计周期也比财务报表要短得多，按月、按周、按天，甚至实时统计已经成为趋势，如图 12.2 所示。

		产品销售数据分析表								
	类别	数码产品								
年	月 产品	手机	平板	耳机	PSP	相机	电脑	智能手表	电视	U盘
2018	7月	¥9,000.00	¥6,000.00	¥280.00						
	8月		¥5,600.00	¥104.00	¥2,000.00	¥3,000.00	¥6,000.00	¥3,000.00		
	9月	¥8,700.00							¥9,000.00	¥200.00
	10月	¥8,600.00			¥2,386.00		¥8,000.00		¥8,880.00	¥120.00
	11月	¥8,000.00		¥124.00		¥4,000.00				
	12月	¥7,000.00	¥6,700.00	¥145.00	¥1,505.00					
	小计	¥41,300.00	¥18,300.00	¥653.00	¥5,891.00	¥2,042.00	¥14,000.00	¥3,000.00	¥17,880.00	¥320.00
2019	1月	¥9,000.00		¥452.00	¥3,202.00	¥7,042.00				
	2月	¥8,009.00		¥514.00		¥4,000.00				
	3月			¥358.00				¥1,440.00		
	4月	¥6,080.00		¥312.00					¥8,935.00	
	5月	¥6,802.00		¥123.50				¥2,300.00	¥9,000.00	
	6月	¥3,599.00		¥234.00	¥2,263.00	¥2,600.00	¥368.73			
	7月	¥2,202.00		¥1,049.00	¥2,842.00			¥2,140.00		
	8月	¥4,432.05		¥341.00					¥4,748.00	¥330.00
	9月	$7,531.50		¥864.00		¥2,000.00	¥8,000.00		¥5,000.00	

图 12.2　销售报表样例

12.1.4 其他报表

除了比较重要的财务报表和销售报表，企业中还有许多用于统计专业领域数据的报表。比如用于人力资源管理的人力资源分析表（如图 12.3 所示）和绩效考核表，用于统计企业技术及项目状况的技术投入产出表，用于统计数字产品使用情况的运营报表，等等。可以说企业的数据就是由千千万万的报表记录下来的。

人力资源分析表

人力资源异动分析															
人力资源异动分析	部门	编制人数	月初人数	入职人数	本月离职（共　人）						本月异动				月末人数
					辞职	辞退	自离	开除	其他	离职率	调入	调出	晋升	换岗	
	合计:														
	公式：离职率=当月离职人数÷当月平均人数×100%　月末人数=月初人数+入职人数-离职人数+调入人数-调出人数														
离职人员分析															
离职人员分析	工龄分析	1-3月	3-6月	6月-1年	1-2年	2-3年	3年以上	受教育结构分析		初中及以下	高中/中专	大专	本科及以上	其他	
		%	%	%	%	%	%			%	%	%	%	%	
	离职层次分析	岗位		离职人数	所占比率	离职原因分析				主要改善措施					
		公式：岗位离职人数所占比率=该岗位离职人数÷当月离职总人数 100%													
	离职层次分析	总离职人数		普工类		文职类		技术类		管理类		其它			
				离职人数	占离职人数比	离职人数	占离职人数比	离职人数	占离职人数比	离职人数	占离职人数比	离职人数	占离职人数比		
		普工类：所有主管级以下的一线员工　文职类：办公室人员(含财务人员、秘书、助理、专员、文员等) 技术类：电工、网管、餐饮业厨房所有人员　管理类：所有主管及以上人员（含基层管理）													

图 12.3　人力资源分析表样例

12.2　现代企业的报表呈现形式

12.2.1　从表格到可视化图表

企业常见的报表类型实际上是对企业决策者所关心的数据的汇总。这种汇总的表格由于需要反映数据的多种维度和指标，往往会造成报表结构复杂且信息量巨大。即使是有着标准化格式的会计三大表，其实从信息呈现的角度看也并不“易读”。

而将数据以可视化图表的形式呈现给用户，可以很直观地反映出用户最关心的数据问题并帮助用户洞察未来趋势。如图 12.4 所示，将企业的营收总收入以可视化的方式呈现后，可以更容易地看出该企业的产品每年的淡季和旺季的分布。

第 12 章 业 务 报 表

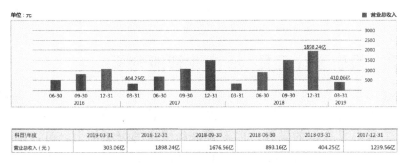

图 12.4 可视化图表和表格的对比

12.2.2 用于决策的仪表盘

企业中不同的管理角色所关心的数据维度以及指标有着极大的差异，这就需按照用户需求对可见信息进行合理的组织，形成可以随时随地多端查看的管理者仪表盘。与为了呈现数据的报表不同的是，仪表盘让决策者首先看到数据指标的问题，然后通过钻取多维分析模型，多角度地分析问题的真正来源。这种偏重分析能力的仪表盘需要使用专业的商业智能分析（BI）产品制作，如图 12.5 所示。

图 12.5 使用 BI 产品制作的管理者仪表盘

12.2.3 报表设计工具 vs 商业智能分析

根据企业对数据的不同需求，报表制作者使用的工具也完全不同。报表设计工具侧重数据的录入、展示查询和少量的分析能力，可以制作非常复杂的报表类型，如图 12.6 所示。用友 BQ 等软件都是功能强大的报表设计工具。

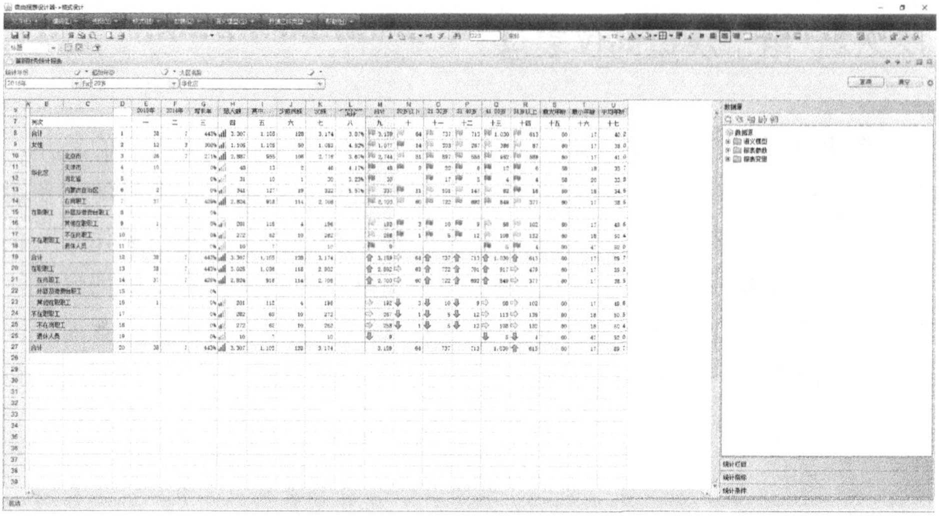

图 12.6 报表设计工具界面

BI 工具侧重对数据的清洗、挖掘及分析能力，用户可以通过仪表盘对数据进行多维度分析，并且支持钻取、联动等数据处理，但对于复杂的报表样式并不支持。另外商业智能可以处理更大的数据量，常常基于企业搭建的数据平台，连接数据仓库进行分析。如图 12.7 所示，是用友的一款 BI 设计器界面。

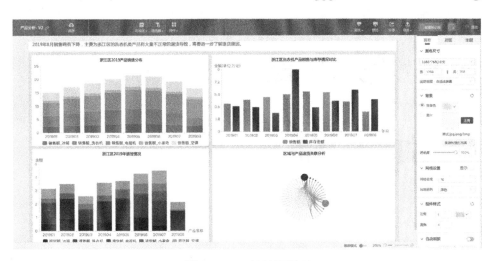

图 12.7 BI 设计器界面

第 13 章

打　　印

13.1　打印的场景

在企业日常生产经营活动中,很多时候都需要打印。虽然都是打印,但因为所处的业务场景和使用环境的不同,而有着很多不同的需求。因为打印的场景非常多,要求也各有不同,我们这里只举例几种典型的场景供大家参考。

1. 场景1:定期集中打印

此种场景在财务领域中较常见到,比如在月末、年末的集中做账时,需要集中打印凭证(如图 13.1 所示)、账簿。这种场景的特点是打印量大,打印样式大多类似,时间集中,可能会占用系统很长时间。针对这类场景,需要提供按照固定模板批量打印的功能。并且打印需要作为一种后台运行的任务,并不影响用户其他工作。

2. 场景2:作为业务必须的一环,不定时打印

在一些业务中,每次完成业务后都需要打印本次业务涉及的关键内容。比如在餐厅点餐,点餐完毕服务员会快速为我们打印菜品小票,后续我们会根据小票的内容来检查上菜情况,如图 13.2 所示。此种场景的特点是打印紧随业务,不同企业,不同场景有个性化的打印样式需求,对打印速度、便捷性要求很高。针对这类场景的特征,需要提供灵活的模板设置功能、快速打印功能。在一些零售场景下，还需要手持设备来完成快速便捷的打印功能。

图 13.1 付款凭证示例

图 13.2 餐厅小票示例

3. 场景3：日常办公打印

在日常办公中，我们还可能有大量场景需要打印。区别于以上两种场景专人专事专办的特征，在日常办公中，每个员工可能都会用到打印功能。比如最常见的就是报销时打印报销单、打印发票等需求。此种场景的特点是，由于用户不经常使用，对功能使用较陌生，对打印的结果需要预先展示（如图 13.3 所示），打印具体的样式需要根据具体业务的需求提供不同模板。根据以往的调研经验，我们发现用户在打印中遇到困难最多的是打印机驱动安装的问题。

图 13.3　打印预览页

打印场景非常多样，不同业务还会对打印数据的格式、装订存档的形式、精度也有特定的要求。以会计为例，需要将记账凭证、账簿等会计资料，通过打印机打印输出保存为纸质会计档案。这也方便外部查询企业的财务状况、经营成果、资金流动等情况，同时方便内部了解经营情况、做一定的规划和决策。此外，由于打印输出物一般起到联系上下游业务的作用，打印输出物中加上二维码、条码，也便于下一环节人员通过扫码在系统中快速找到对应的单据，从而快速展开工作，如图 13.4 和图 13.5 所示。

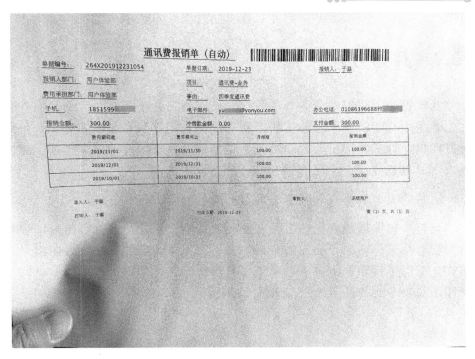

图 13.4　报销单中加入了条码，便于财务人员快速找到系统中的单据

图 13.5　购物小票中加入了二维码，便于用户开发票

13.2 打印方式

其实打印方式根据业务与场景细分会有很多种不同之处，细心的人会注意到使用打印机的不同和使用纸张的不同。但很少有人会了解什么是热敏打印机、针式打印机。有些纸张票据字迹会消失，有的很多年都不会褪色。在 B 端场景下甚至还有针对打印的专业用语。

通常情况下 B 端打印都会有套打和非套打两种打印方式。

套打：将单据或者凭证上已有的内容按照一定的格式打印出来。套打套用现有格式打印应当输出的数据，并不将账本上印刷的格线打印出来。这样，提高了打印输出效率，降低了打印机损耗，节约了打印成本。此种打印，需要专业的打印纸张，如图 13.6 所示。

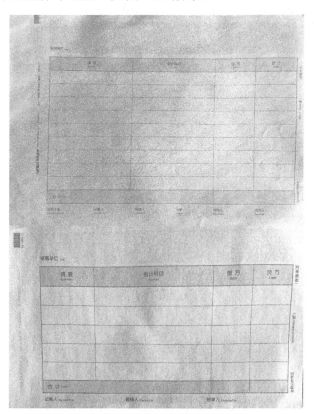

图 13.6　套打样例

非套打：根据会计软件生成应输出的档案，在打印时，既打印应当输出的数据，也将账本上印刷的格线打印出来。这种方式适用于在无痕迹的白纸上打印输出会计档案。

与打印息息相关的就是打印机，其实在不同的领域所需要的打印设备也是不同的，常见的有喷墨打印机、激光打印机、热敏、条码、针式打印机等。以针式打印机与热敏打印机为例进行具体说明。

其中针式打印机易维护，适合有大批量打印需求的金融行业人员、财务人员使用。在银行常见针式打印机，其满足了银行柜员大量的打印需求，提高了柜员处理业务的速度，降低了出错风险，保证了银行交易的完整性和票据等的规范性。

针式打印机又分平推式与滚筒式。

平推式：适合发票、单据、凭证、银行的存折、各种证书等，一般情况下不会出现偏移。

滚筒式：适合连续打印纸质、快递单、出库单等放纸，容易出现偏移。

在快递等需要快速出单的领域中，合适的专用打印机与纸张也能相应提高其工作效率，常见的是热敏打印机。那么热敏打印机相对于针式打印机有什么样的特点呢？

相对于针式打印机，热敏打印机速度快、噪音小、打印清晰、使用便携。但热敏打印机不能直接打印双联，打印出来的单据不能永久保存，保存时间相对较短，并不适用于财务等需要连打、长时间保存的场景。所以在快递、餐饮等不需要长时间保存单据的情况下比较常见。

在金融、财务等领域为了提高效率、易维修、防伪等，甚至出现了专用打印机、专用纸张。打印除了在日常办公中有打印文档等需求，在财务、柜员、仓储、物流等特定领域也起扮演着重要的角色。在设计相应场景时不能只考虑系统端，还需要考虑很多综合因素才能设计出易用的打印设计。

13.3 打印模板

打印模板千变万化,根据用户使用打印的场景、业务特点、行业特征,以及自己公司的需要,可能会有非常多样的变化。虽然在系统上线前实施人员会完成大部分打印模板的设置工作,但在企业具体运行中,还会涉及很多模板修改和新增的工作。所以,配置模板的过程简单易用和所见即所得等特性可以使模板设置工作变得更加轻松。此外,根据领域特征、行业特征,预制一些模板也会给后续客户化和个性化工作带来更多便利。图 13.7 展现了在用友产品中的打印模板编辑器。

图 13.7 打印模板编辑器

13.4 云打印

随着移动互联网的发展与壮大,移动化已经成了人们的生活与工作习惯。随着移动办公等场景的逐步细分,云打印等相关服务也日渐增多。传统局域网打印、复杂电脑配置、U 盘打印、访客打印等企业打印痛点场景也在逐渐被解决。随着技术的发展,以及越来越多的细分场景逐渐被发掘,传统的打印模式已经悄然在被改革。

云打印通过整合硬件与软件资源进行高效打印，优势在于不受距离、时间、地点等因素限制。企业可以对每个人打印的数量、权限等进行监控，同时方便外来访客和不同办公区域的同事进行打印等。与此同时旅游景区、学校、餐厅等也有着很多云打印的诉求和场景。

以集成用友云打印的"友报账"打印报销单场景为例。传统报销需要在电脑中打开业务系统，选择审批通过的单据从中下载并打印单据，通过局域网打印机或者 U 盘打印单据，然后走到打印机前拿走单据。友报账目前只需打开手机 App，找到需要报销的单据，走到打印机前扫码打印或者远程选择就近打印机打印，最后取走单据即可，如图 13.8 和图 13.9 所示。

图 13.8　扫码云打印

另一个例子是某餐饮集团（如图 13.10 所示），总部统一制作前厅和后厨的小票模板，然后下发到各分店，客户通过平板电脑点餐后，可以直接打印菜品预览的小票，另外按照所点菜品的不同，后厨对应档口（肉、菜、酒水、锅底）也会收到不同的上菜清单，这样无论是客户点菜体验还是后厨上菜效率都有很大提升。而这个过程中所涉及的打印模板定制、远程打印和移动打印的功能，也是利用云打印等优势进行设计与制定的。

图 13.9 打印预览

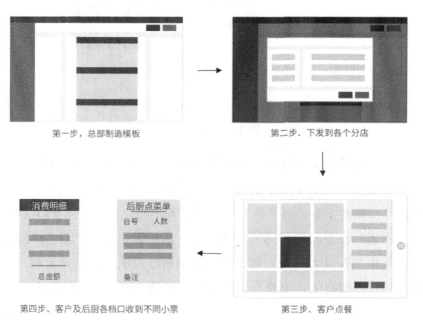

图 13.10 打印模板设计及分发示例

无纸化办公越来越受推崇。从企业信息化到数字化发展的角度，以及从环保的角度来看，无纸化是发展的大趋势。越来越多的场景也摆脱了传统纸张的束缚。但是现阶段来看，仍然有大量的传统打印场景无法避免。对于很多 B 端业务，打印仍然是一个业务流程闭环的核心节点。如何设计好的"打印"过程，仍然是 B 端产品设计的核心挑战。对于打印设计来说，还有很多细致的，针对不同行业特点的场景值得我们深入挖掘、了解和学习。

第 14 章

角色工作台

在企业级服务的产品设计过程中，设计师和产品经理们经常面对一个问题，就是如何定义、划分和洞察企业中各种业务场景下复杂的、不断变化的"角色"。从以用户为中心的产品设计理念来看，B 端产品设计的核心，就是围绕这些角色，尤其是角色背后的真正"用户"，去进行有效的设计，匹配用户不断变化的需求。围绕"角色化、场景化"来展开设计，也是这些年从 ERP 时代就开始被高频提及、讨论的话题，也是相对行之有效的方法，同时也是很多产品进行营销宣传的重要买点。

14.1 常见的类型

一个成功的 B 端产品，本质上就是营造、设计一个高效的、安全的、便捷的"用户的使用过程"，帮助用户完成在特定场景下的一系列任务目标。当用户需要某项功能的时候，能够快速找到；当用户需要帮助的时候，可以快速得到；当用户需要一系列操作而完成一个复杂的流程的时候，功能之间能够进行快速的链接和组合；当用户需要找到一个业务联系人的时候，联系人可以很快被找到，等等。

角色化、场景化的需求洞察、提炼，并转化为设计的过程，则是其中最为关键的环节。目前，以角色工作台、角色桌面的设计等作为工作入口，已经成为很多产品角色化、场景化落地的重要方式。其要么展现了强大的自定义能力,去满足各种各样的需求,去尝试匹配各种各样的角色;要么在高度抽象的前提下,具备一定的适配性和自定义性,去满足一些比较固定的行业要求等。现在稍微复杂一些的 B 端产品,如果不包括一个角色工作台模块,并且作为用户的使用入口,就很落后了。

角色工作台从业务处理思路上区分,主要可以分为入口型、业务型、混合型等。入口型简洁一些,更强调每一个角色核心工作的快捷入口,有着更灵活的适应性,比较适合业务多样性程度较高的一些业务。其核心是让每一个角色可以方便地以入口形式访问其需要的应用和服务。

而业务型则是把一部分核心的工作任务和数据直接投射和添加到首页,让用户打开系统就可以立即开始工作。这种方式可以让用户更聚焦角色任务本身。但需要对角色本身和业务特点有着更强有力的把控。业务型虽然也有一定的用户定制能力,但由于业务的多样性,还是容易失去一些灵活性。也有一些产品在二者基础上做了一些融合,形成了混合型的桌面类型。三种工作台如图 14.1 所示。

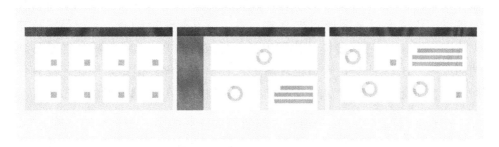

图 14.1 工作台举例:入口型、业务型、混合型

几种类型之间很难说哪一种更好,这些角色化的工作台,对于用户体验的提升还是很明显的。从多年的实践中来看,很多优秀的产品也在几种类型间切换、演变,甚至针对客户的具体要求来定制等。无论哪种方案,核心还是如何准确把握"角色"本身灵活多变的业务需求,还有每一个角色背后用户的个人使用习惯。图 14.2 是用友云产品的工作台原型设计。

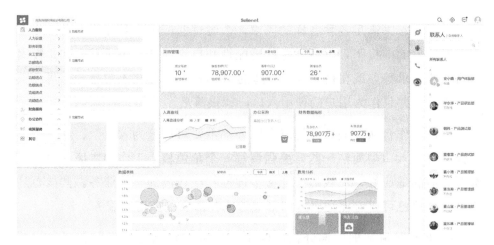

图 14.2　用友云产品工作台原型设计

14.2　社交化入口的屏障

多年前开始的社交化入口之争，也不可避免地从 C 端"燃烧"到了 B 端。很多人认为 C 端发生的事情，无论是来自资本的推动，还是来自用户的需求，终究会以某种形态在 B 端也发生，甚至进行融合。无论是泛社交化的 B 端入口，还是传统的协同工具，抑或是一些 CRM 工具。随着移动端的成熟，B 端社交化入口也逐渐进入竞争的高潮。但是，现在还没有任何一种社交化能力为基础的 B 端产品形成如微信在 C 端一般的统治力。

在企业级服务中，由于组织内部的独立性形成了一个个组织"孤岛"，无法向 C 端那样进行简单的裂变式的扩张，企业也往往不允许这样的无管控的裂变行为存在。尤其用户作为企业成员的身份存在时，形成了天然的组织屏障。很难想象，一个企业 A 的用户成员，与任意企业 B 的用户成员形成工作之外的社交关系。当然，随着社会化协作的需求越来越强烈，企业间协作和供应链管理越来越复杂和精细，不同企业，不同企业用户之间的协作需求越来越强烈。基于社会化协作的新的组织模型，为企业级服务的设计提出了更高的要求，也开辟了 C 端社交模型之外的新可能。

另外，企业级服务无论如何都有着很强的工具属性，用户需要使用它完成一项或多项工作任务。所以产品自身需要相应的功能服务，抑或是连接了强有力的服务生态和平台,为用户提供业务服务的支持。这样的产品和服务才具备真正的用户黏性,才能满足用户的核心诉求。这些也是很多产品目前面临的屏障之一。虽然一些产品目前在 B 端已经形成了一定的影响力和市场占有率,但企业组织间形成的天然屏障及业务多样性等,使任何一个产品都无法很容易形成一个平台化的生态。

另外,我们看到很多企业服务商一旦有一些核心服务能力,就希望构建自身的独立软件开发商 ISV(Independent Software Vendors)平台。所以任何"平台"也都很难形成整个行业间的统治力,甚至在一个单一领域,都很难做到。当然,这种目前没有真正意义上的"超级 App"存在的 B 端市场,也给了很多潜心做企业服务的供应商更多的机会,而非在夹缝中生存,没有发展壮大的机会。

14.3　有"节制"的智能化和连接

一个更合理的角色工作台需要解决业务场景多样性带来的各种不同的细节需求,还要解决用户本身的"千人千面"带来的角色设定问题。与此同时,在兼顾灵活性的基础上,又要真正能够聚焦真实业务本身,并且这种灵活性也不能以牺牲用户体验为代价。事实一再证明,以牺牲用户体验为代价而带来的灵活性,即使是在 B 端市场,最终也会被用户所抛弃。

此外,如何作为一个新式的企业服务入口,有效地连接企业内部的服务,在企业内部的人员的基础上,在受控的、安全的基础上,也能够有效地连接、集成必要的外部服务和人员,也是这个入口所必须面临的挑战。

在这些挑战的背景下,以及在人工智能技术的加持下,我们设计了一个新的工作入口(图 14.3 所示)的形态,并已经应用到一些核心产品中。

人工智能有效地帮助系统记录、学习和分析用户的使用行为,使得"千人千面"的系统变得更可行,也更实用。系统能够有效地获得用户具体使用某一服务的场景,包括使用的方式方法,与之关联的服务,与之关联的人,与之关联的时间和周期等要素。通过更为智慧的分析,可以将用户所需要的内容与服务推荐给用户,进行服务和文档的管理,让服务之间进行有效的融合和关联等。

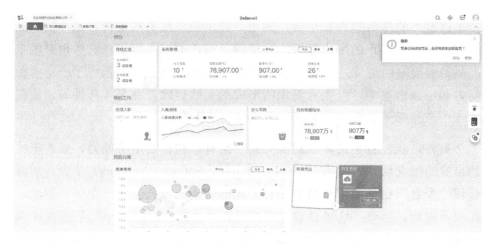

图14.3 智能化服务的原型

人工智能甚至可以帮助用户进行一些自动化的作业、智能化的决策，使用户从任务的执行者变为监管者。通过这个新的入口，对整合和集成进来的服务进行统一的智能管理和调度，也是实现上述能力的重要基础。新入口最后逐渐演化成一个智能化的，面向企业云服务的"操作系统"。

考虑到用户的接受程度，以及目前业务层面复杂的特点，在智能化的工作入口设计过程中，我们还是采取了较为保守和克制的方式，让用户可以逐渐体会到智能化所带来的方便，又不至于在处理具体业务中不知所措。未来的智能化一定是业务数据、业务流程等的统一智能化，而工作入口只是其中的一个重要组成部分。

新的工作入口设计，一个重大的提升就是基于业务实现了人与人之间的智能连接。通过与业务打通的深度的社交化集成，用户之间可以无缝地通过一个或多个业务场景进行高效的智能协同。整个人与人，人与业务的协同过程，我们称之为"智能感知"过程。

用户在使用整个系统的过程中，可以像传统的一些产品一样，主动地在一个业务场景中，即时地向业务流程中的人员进行沟通，围绕一个业务形成一个临时的协同社交网络。系统也会实时地学习和感知用户的业务处理过程，逐渐主动地形成一个围绕业务推荐的协同社交网络。在合适的时机下，更为主动地感知，并推动整个协同过程的建立，真正形成一个从无到有，从有到智能的业务系统体系。

在用户的逐步使用中，用户总可以慢慢地感觉到一种变化，总是可以在合适的场景下发现合适的功能并协作用户，这些都以合适的方式出现在界面上，并且过程很自然，没有很强的侵入性。这也是我们这个阶段技术与设计平衡下的一种产品设计观点。当然，这也可以理解为一种中间形态，或者过渡形态。

随着技术的不断进步，整个业务流程的不断演化，一种更为智能的形态会逐步演化出来。这个时候，作为流程节点中的用户，可能会扮演更为不同的一种角色，所需要的"界面"和交互形态可能也将完全不同。

第 15 章 帮助体系

在 B 端复杂业务场景和繁多的功能类目下,良好的帮助体系是十分重要的。在早期的产品中,模态的弹窗与警告大行其道,仿佛在责备、批评用户。随着计算机、交互理念的发展与外部设备的加入,系统不再依赖于单纯的对话框进行信息的传递与反馈,用户可以通过各种感官渠道得到持续积极的帮助与反馈,从而使其与系统沟通交流更加得心应手。下面列出了常见的一些帮助内容。

(1)提示(Tips)

(2)操作引导

(3)客服

(4)帮助中心

15.1 提示(Tips)

Tips 一般指带有说明文字的"气泡",通常出现在需要被解释说明的字段、列表的表头文字、按钮等位置。Tips 中的文字说明不宜过长。为了不影响用户操作,Tips 一般在鼠标悬停到相关区域后显示,鼠标移开即消失。图 15.1 就是一个典型的 Tips 设计。

第 15 章 帮助体系

源币种	汇率	报价日期
港元	6.812	2019-07-30
港元	2	2019-08-01
人民币	1.24	2019-08-01
美元	3	2019-08-02

目的币种=源币种*汇率

图 15.1 "Tips"示例

15.2 操作引导

操作引导是指在某特定场景下，系统对用户接下来的操作进行的指引。根据用户使用场景的不同，常见的有：新手引导、新上线功能引导、对某功能点的操作引导等。

新手引导和新上线功能通常通过"观光（Tour）"的形式呈现，帮助用户在短时间能快速了解产品常用功能或新上线功能的位置。图 15.2 即是一个常见的新手引导设计。

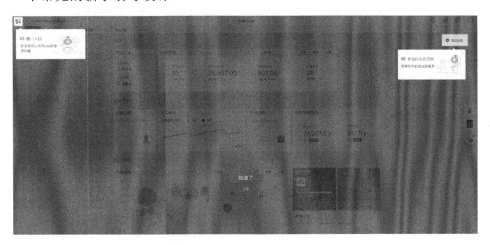

图 15.2 新手操作引导示例

对某功能点的操作引导可以通过很多形式实现，比如简单的短语提示、图文提示等。对于稍复杂的操作，还可以使用 GIF 动画的方式进行提示，也取得了很不错的效果。

15.3 客服

早期的 B 端产品的客服大多在官网提供入口，是一种获取客源的渠道，而很少提供在线客服。这是因为和电商相比，B 端产品的使用门槛较高，培养专门解决企业问题的客服人员需要付出很大的时间成本。AI 客服的出现大大解决了这一问题，将用户的常见问题通过 AI 客服进行回答，大大减少了人工客服的成本。比如，用友云在各个云产品线都提供了在线客服功能，由 AI 客服和人工客服一起解决用户问题，如图 15.3 所示。

图 15.3　在线客服示例

15.4 帮助中心

比较完善的帮助中心一般会涵盖用户手册、视频教程、常见问题、版本更新、搜索、培训、社区、用户反馈等相关内容，在用户能够接触达的每一个触点进行相应设计并提供相应的帮助，从而辅助用户学习、交流、解决问题。

帮助中心主要面向两类用户角色和场景：一是使用产品的用户，在遇到某特定业务问题时，可以通过帮助文档提供的内容自行解决；二是需要全面理解产品的用户（比如售前人员或培训人员），为他们提供一个可以全面学习产品的渠道。图 15.4 是用友云产品的帮助中心设计。

图 15.4　帮助中心示例

在 B 端因业务与功能的复杂性，完善的帮助体系是不可或缺的存在，好的帮助应该具备以下几点要求。

（1）有效的功能工作集

（2）上线文档帮助与辅助界面

（3）传统的在线帮助

（4）智能化的帮助

（5）本地化和全球化

（6）无障碍性

好的帮助系统可以帮助用户快速获取常见问题的答案、疑难解答以及操作说明。好的帮助也是用户的一本学习手册，帮助用户快速学习了解系统功能、信息架构及常见问题，使其快速入门，规避常见问题。同时好的帮助体系也有助于提升品牌好感度。

第 4 部分
智能服务的设计探索

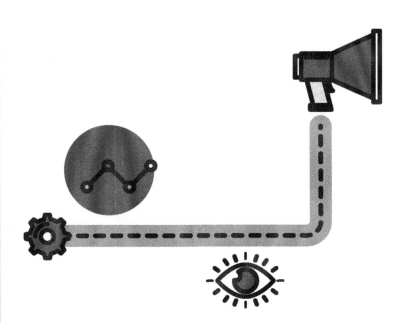

在决定撰写本书的时候，曾以"智能"为核心来梳理目录结构，希望以智能为主线来呈现一个不同的企业服务设计思路。"智能"所带来的产品设计机会，就如同电动汽车带来的革命一样，智能系统会代替和颠覆传统的信息系统，智能系统将呈现完全不同的产品形态。

但是，这个过程并不是想象中的指数级的变化。技术和产业在升级，很多具体的业务场景也需要探索与尝试，也一定会受到社会结构等深层次的影响。无论如何，智能化的方向是没有问题的，企业数字化的进程也伴随着智能化，在这个部分，希望把一些真正的实践经验和一些思考、探索呈现给读者，共同推动企业服务的智能化发展。

第 16 章

传统"记录系统"的终结

被数据所完整记录的实体世界以及伴随的虚拟数字世界,组成了全新的一个整体运转的"世界",我们称之为一个"数字化原生的时代",是一个由实体世界支撑,完全数字化的时代。在这样的一体化的数字化原生时代中,每一个物理实体都可以有一个数字化的"表达"。这里面的系统应该如何构成和运转,如何设计,则是每一个这样时代下新系统的设计者和创造者所必然要思考的命题。而数字化,是智能化的基础和核心,没有数字化,智能化也就是无稽之谈。

16.1 生产要素数字化

传统 ERP 系统或者类似的企业服务软件,多数是支撑企业内部信息化运转的服务,而这样的服务,也被称之为"记录系统"。"记录系统"形态的产品,从本质上说,是实现了业务的基础层面的数据化(即一部分的信息化),本身也是企业数字化进程的重要组成部分。记录系统所代表的业务的数据化,从如今的视角来看,无论对真实用户的依赖,还是对数据实时性、有效性、准确性等要求,都出现了明显的瓶颈。

其实记录系统从诞生开始,对终端的使用者来说,一直也是不够友好的,复杂和难用一直是难以摆脱的负担。当然,作为所谓的"记录系统",其自身不断改变和升级也一直未停止。最为典型的变化是其不断增强的外部数据的连接能力,还有减少中间的人工记录环节,变为自动化填充、自动化流程处理和一部分智能化的分析等。

而随着技术的发展，数据让每一个物理世界的实体，无论是一个仓储厂房和里面的每一件货品，还是运输中的全部物流信息，抑或是仓库管理员本身，都可以在数字世界里找到相应的描述和表达。数字信息的丰富程度和详尽程度，甚至超过物理实体本身。以这些数据为基础，可以提供给我们一个完全数字化的视角，即以一个物理世界和数字世界完整融合的方式去看待这个虚拟又真实的新数字世界。

实时采集、实时生成、实时建模、实时处理的数据世界，让整个企业服务产品的设计，带来了全新改变的机会，从业务的数据化（传统 ERP 的记录系统）到数据的业务化（数字原生系统），形成真正数据驱动业务的完整的、高效的闭环。以最典型的企业财务系统为例，从传统的、封闭的企业内"记账"系统，革命性地更新为真正的业务、财务一体化的系统。业务与财务等其他系统与服务形成一体化的闭环。传统的财务人员也转化为企业业务发展的重要业务人员，而非传统的支撑和财务管理角色。

我们曾经有幸到一家规模不算大的、极具数字化创新精神的制造型企业，进行了实地的参观与学习。这家企业的负责人非常重视企业的数字化建设，他们结合自身的业务特点和场景，在生产制造、管理、仓储等实现了全方位的数字化，极大地提升了企业的管理效率和生产效率。

这家企业是数字化创新企业的真实成功样板，在原材料供应、客户采购、仓储物流、生产制造和内部管理等环节上，完全实现了数字化。他们真正按需采购原材料，按需生产，实时核算成本，进行有效的低库存管理，等等。在这个过程中，特别值得学习的一点就是，工厂中所有的核心设备，都具备开放的连接能力，提供 API 等接口，为数字化提供了必要的基础条件。

无论是大型企业还是中小企业，都已经有很多数字化做得非常好的样本了。图 16.1 展示了一个实时的数字化企业的从内部管理到外部交易等的数字化全景图。从这个角度来说，很多类型企业的数字化进程，从技术层面已经具备了相当的条件，唯一的障碍似乎只剩下管理者的决心和意志。

图 16.1 实时的数字化企业

数据脱离了系统,是没有"价值"的。以这样一种视角来评判一个系统的优秀程度和价值程度,可以具体参考以下一些指标。

(1)生产和消费有效数据的能力

(2)有效数据在系统间的开放性、连接性

(3)数据在不同系统间传播的速度

(4)数据在系统间匹配的速度

"那些优秀的、能够自我发展和进化的系统,往往可以产生高密度的、有效的高质量数据,并且在系统间可以高速地进行数据传输、匹配和使用。"

16.2 人与系统

上面聊的是系统层面的数字化,是生产要素的数字化过程。其实人本身也是数字化进程的重要组成部分。人与人,人与系统,系统与系统才真正构成了完整的数字化拓扑网络,而设计人与系统之间的交互过程(如图 16.2 所示)又是其中最为关键的环节之一。数据在这些节点中产生、流动,形成了数据流,信息流。

关于产品设计,我们曾提出过一个比较抽象的设计原则,即:

"设计一个系统,本质是解决信息如何在系统内、系统间,以及人与系统间,进行有效、高效的生产、组织、呈现和流动的问题。"

而人工智能与信息流的整合，恰恰是这个系统设计过程的最优解之一。而在复杂的企业场景中，系统与人就是在不断地生产、流动、处理和消费信息，不断地扮演着信息生产者与消费者等角色。数据、不断往复的信息，以及处在这个往复生态之中的人与系统，构成了完整的数字化生态。

图 16.2　人与系统

首先需要对信息的生产者和消费者做一个简单的定义和说明。所谓生产者，顾名思义，就是创建原始数据信息以及对信息进行加工和处理的地方，可以理解为一个信息的生产者；而信息的消费者，则是处理和使用这些信息片段的节点，二者联合起来，形成了一个流动的信息，即信息流。

从这个角度来看，一个物联网传感器是一个信息的生产者，是一个数字化信息片段的起点，所采集和处理的信息，发送到一个业务系统进行处理，形成了信息流。接收了信息的业务系统，是一个信息的消费者，其同时对信息分析和加工后，生成出新的信息，它同时可以称之为一个新的生产者。这些新的信息，可能到达真实用户，也可能在系统中流转、加工，形成一个复杂的信息流网络。尤其在企业级服务中，多个系统和多种用户角色之前形成的复杂业务网络，也同步形成了复杂的信息流网络。

从信息流及所形成的信息网络角度去看，可以让我们抽丝剥茧，以一个更抽象的视角去看企业级服务间的复杂关系，也就是之前提到的人、系统所形成的复杂网络。在这个复杂的网络中，一旦引入更多智能节点的加入，减少人类用户的参与，将彻底改变传统的信息流网络模式，形成一个智能信息流网络，一个智慧的数据生态系统。

第 17 章

智慧界面系统

从信息流的角度去看，系统间进行着复杂的、不确定的、不断变化的业务数据交换，交织出复杂的网络。而去思考真实的人类用户应该扮演什么样的角色，本质上也就是在考虑如何去为用户的真实业务目标设计一个更智慧的系统，减少人在这些节点的被动参与程度以及参与的方式等。为此，我们构思了一个新的概念设计，以"智能信息流"的视角去构建一个新的智慧系统，涵盖面向用户的智慧界面和基于智能的后台引擎。这个概念系统的一些研究成果已经部分在我们的产品中得到应用。

17.1 智能界面

UI (User Interface)，即用户界面，是一个系统与人打交道的最核心的入口。一直以来，我们甚至更喜欢它英文原始的含义，用户接口。在很多科幻电影中，脑机接口所呈现的那种直接的连接与控制，真正意义上使人成为系统中的一个部分，似乎也是人与系统之间的一种终极解决方案。系统与用户之间也就不再存在传统意义上的界面，而真正回归"接口"的定位。

在憧憬了一下更完美的、更理想的交互形态之后，我们稍微回归一下"界面"。如何利用更好的智能信息流，解决用户与系统之间的界面交互问题。这样一个由智能信息流连接起来的智能界面中，我们希望真正解决用户接入业务系统的问题。在这里，我们提出了一个新的界面设计方案：智能界面（Smart Viewer）。智能界面用于处理信息流与人的交互过程，理解用户目标，动态组装界面；图 17.1 的界面示意，简单阐述了这样一个智能界面的概念效果。

图 17.1 "Welcome, Pro. X" 动态界面原型

在这样一个界面系统中，所有信息以相应的业务场景、内容等分解成信息片段，并重新进行模块化组装和分配，形成一个动态的界面系统。如上面的界面原型所呈现的，每一个信息片段形成一个代理（这个服务是后面马上介绍到的机器人服务代理来完成），可以是常见的聊天消息、审批消息、业务入口、日程推送等，也可以是片段化组装的待办任务、急于处理的异常消息，其他业务系统的内容服务的组合等。

"整个设计的核心逻辑即是对信息的分解与重组，呈现最符合用户当前状态所需要的界面内容与形态。"

当然，这里面描述的仍旧是较为抽象的一种状态，上面的动态界面原型，以及之前介绍的一些工作台设计，部分使用了这个框架的设计方案，形成了一些局部落地的成果。

17.2 智能机器人引擎

上面的界面端解决的是在用户端的信息组装,而智能信息流机器人引擎则解决的是信息的处理、通信、分发和协作问题。二者在无间的合作中形成完整的基于信息流的智慧界面交互解决方案。在关于智能信息流的介绍中,提到了信息流的生产者和消费者,而这个引擎的目的就是连接、处理、分发和组装。在这里,我们不去探讨这个引擎的技术实现,而是介绍其扮演的关键角色和提供的核心能力。

先从一个典型的审批场景说起,在典型的协同类产品设计中,与"审批流"相关的设计是其中不可或缺的一个环节,在产品上线前的实施过程或者配置中,都需要对一个审批类服务的各个人员角色等环节进行配置。而企业业务审批流程的经常性变更、人员的变更、角色的变更等,都会给相应服务,尤其是对审批流有依赖的部分,带来复杂度的提升。典型的审批场景是一个可回溯的线型的或者树型的有序拓扑结构。审批的节点在一般情况下都是一个个的用户角色。

这些真实的用户构成了信息的消费者,同时可能对信息进行加工,他们又具备了生产者的属性。并且,作为一个处理节点,他们也决定了这个审批流的节点走向。这样一个审批流,其实也是典型的信息流的一种模式。

如何让这样的信息流智能化呢?以审批流为例,一些智能化的尝试就是在一些公共审批节点,通过预设规则以及机器学习等技术手段,实现一定程度上的自动化审批。

比如一些财务系统的设计。由于一些财务的合规性等审核,有很强的规律性,可以通过财务机器人进行一些流程节点的自动化审批,在一定程度上实现了审批过程的自动化、智能化,减少了财务人员一些重复性的审核工作。在这样的财务机器人中,实现了信息学习、动态建立规则、处理与分析、决策等,从而决定信息流的走向,实现了信息的处理与分发。

通过财务机器人的实践,我们提炼出一种更具共性的智能信息流方案,实现更为通用的分发与处理方式,也使得整个信息流的拓扑结构实现最大程度的自由化。这个方案,引入了很多智能服务里面已经有所使用的 bot

的概念，我们称之为智能机器人（smart bot），后面将统一简称为 bot。

这些 bot 将作为信息流拓扑结构上的核心节点。同时，bot 之间具备了信息的交互能力。bot 本身也可以对信息进行加工、处理、理解和分发等，这样就形成了一个完整的智能分发引擎。在这个模型中，这些 bot 也会根据处理内容的不同，进行一些预设的分类，带有一定的业务规则信息，有自学习、自处理等能力。

这些 bot 形成了一种类似于分布式处理技术架构形态的拓扑结构（如图 17.2 所示），既可以智慧地独立处理信息，独立部署上线，也可以极为高效地互通信息，形成一个整体的、一致的系统进行统一协作。这种可分可合的状态，会为这个架构的灵活性带来非常大的帮助。当然，这背后，需要大量的相关技术的支持与匹配，技术相关的问题不在此详述。

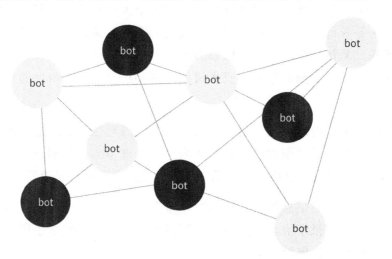

图 17.2　bot 拓扑结构示意

同样，在基础 bot 形态下，我们会预先定义一些基于典型业务场景扩展和继承而来的 bot，有点类似于面向对象编程中的类。基础 bot 规定了一些基础的公共事项、通信机制、规则系统、学习和判断模型、服务能力等。在这些基础上扩展而来的 bot 则基于其自身所代表的业务特征，进行了充分的能力扩展，以此满足具体业务场景的需要，同时也可以根据业务需求不断调整和进化。图 17.3 展示了 bot 之间的继承关系。

第 17 章 智慧界面系统

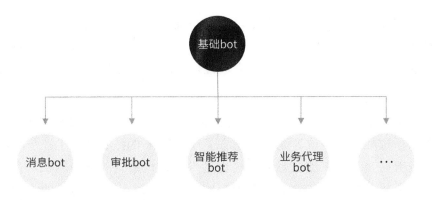

图 17.3　bot 的继承

从目前的业务场景特点来说，产品会默认提供一些常见的 bot。比如消息 bot、审批 bot、智能推荐 bot、业务代理 bot 等。这些不同的类型，也体现出了目前智能化的一些容易落地的一些主要业务场景。

1. 消息 bot

消息 bot 是最为典型的一种 bot 应用，在很多以人工智能为技术依托的产品中已经非常常见。典型的就是一些如聊天机器人（如图 17.4 所示的小友智能消息机器人），客服机器人等，都是一个个以消息 bot 为核心构建的服务。结合语音语义识别、语音语义合成等技术，形成了最为典型的和常见的人与系统的自然交互形态。

图 17.4　小友智能消息机器人

一些业务对接的接口，也是以 bot 的形态进行，以便统一接入到即时消息通信这样的人机交互界面中。消息 bot 也承载了目前人机对话界面最核心的一个服务，是人与系统打交道最自然的一个交互通道。

有意思的是，在一些比较新锐的创业项目中，我们发现，不仅仅是人-机对话采用了这种方式，一些机-机对话，系统与系统的对接与"交流"，也采用了这种方式。或者说，在遍布了消息 bot 的拓扑节点上，一时间很难区分哪些是系统，哪些是人，这也是未来人机系统的魅力所在，也是我们一直所思考的新式的产品交互形态的核心方向之一。在这样的大的生态系统中，人与系统的边界以及所扮演的角色都在发生变化和转化。

2. 审批 bot

审批 bot 等是对应到典型的、通用的业务场景的定制化 bot。这些机器人会聚焦一些特定的业务需求，在以规则系统为核心高效、准确的完成一些自动化审批动作以外，可以具备一定的"自主性"，有一定的学习性，能够在标准规则系统的基础上，生成一些经过动态分析的"潜规则"，帮助用户更加高效准确地进行决策。在必要时，也可以通过与消息 bot 的对接，将辅助决策的消息推送给用户，既保持了高效的决策效率，又能在必要时引入用户进行决策，减少"自主性"带来的风险。

3. 智能推荐 bot

这里特别提一下智能推荐。其应用领域已经非常广泛，从一个电商网站到一个聚合阅读应用，无处不在针对用户的使用行为、商业推广策略等进行内容和服务的推荐，是比较成熟和成功的应用。

相对来说，在企业服务领域，应用的场景目前相对还比较少，但有着同消费端同样大的潜力。由于其场景更容易细分、用户角色更容易准确定位，可能会带来更有特点的产品形态。

推荐"服务"、推荐"内容"，在某种程度和特定场景上，可以改变原有的一些工作行为和做法，从人找信息，到信息找人。这里我们使用推荐这个词，希望强化这个核心逻辑。实际上，在企业服务中，这个"推荐"的概念还是比较广义的概念，不仅仅只是一些信息的推送，还可能有信息的加工、处理，以及与用户的交互等。

在友报账这样聚焦全链路商旅服务的产品中，我们重点引入了智能推荐 bot，如图 17.5 所示。结合整体的智能界面的呈现，构建了基于信息流的推荐模式。从出差地天气的推荐、机票的推荐、酒店的推荐，到同行人的推荐，再到报销单自动生成等一系列的"推荐"，形成了一套以推荐信息流为第二服务入口的设计，构建出一套以智能信息流为基础的产品形态。随着更多能力的不断整合，更多数据的获取，其能力也在动态扩展中。

图 17.5 友报账的智能推荐举例

4. 业务代理 bot

在这里，我们使用业务代理这个命名，也是希望强化其业务属性和能力。在企业服务领域，任何系统本质上都是在围绕降本增效的核心诉求，解决方方面面的业务问题，所以这里使用业务代理的概念，本质上也是这样。

采购是一个业务，人力资源是一个业务，财务是一个业务，报销是一个业务，等等。这些业务，我们通过定义一个或多个相应的 bot，去解决或者部分解决这个业务相关的问题。从这个逻辑来说，上面提到的各种 bot 都是业务代理型的 bot，每一个都在扮演一个业务的处理者的角色。

17.3　应用架构

这个智能应用架构，是围绕着人、系统，以及在之间进行流动的信息去进行思考和设计的。而其核心目的，就是帮助这些信息能够更高效地在人与系统之间进行匹配，并高速、智能地进行流动，这也是我们称之为智能信息流的原因。信息的有效、高效流动在整个系统设计环节中有至关重要的作用。

而从上面这些智能 bot 的介绍中，已经比较明确地阐述了整个智能信息流设计框架的核心，即所有的智能化的业务处理都以 bot 的形式建立模型，并通过相应的协作机制，形成既可独立运转又可以进行高度融合式协作的分布式 bot 连接，使得单一业务 bot 节点有着很强的针对性，又可以高效地组合成一个整体或者融入其他系统中，处理一个更大的业务组合逻辑。这个模型也是我们提出的一个新的智能化的设计框架的核心内容之一。

智能机器人引擎结合动态的智能界面，组成了一个相对完整的智能信息流界面系统。在这个系统中，与用户直接交互的智能界面模块通过语音语义技术的加持获得自然人机交互能力，以及图形界面（GUI，Graphical User Interface）的动态组装，以及后台的智能机器人的业务处理支撑，形成了与用户交互的全新的智能应用架构，如图 17.6 所示。

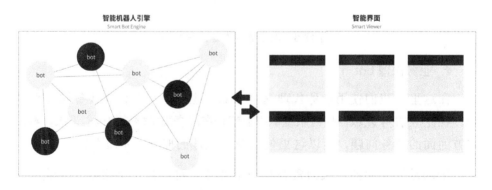

图 17.6　智能信息流应用架构

如果一分为二来看，智能机器人引擎用以解决或者部分解决企业服务中的业务问题，智能界面则提供多种人机界面的智能交互形态，二者合二为一，形成一个完整的智能界面系统，而整个系统的核心是以信息的流动为核心的，所以我们把这套系统模型称之为基于智能信息流引擎的界面系统。目前，bot 的能力和类型也在不断丰富和扩展中，具体的应用场景也越来越丰富，其部分能力已经广泛应用在一些新的基于公有云的产品中。

显而易见，没有实时的、不断积累的数据，没有人工智能相关技术的不断发展，这套系统是无法真正运转的。所以，我们称这样的系统为原生的智能服务。这种类型的系统，本质上是全新技术驱动下、全新设计思维驱动下的产物，会随着技术的持续发展而不断发生变化。这套系统的基因中带有很强的自我进化能力、自主学习能力、业务的弹性扩展能力、业务的自治能力，以及更自然的人机交互形态。也许，这是未来形态的产品发展的重要的一种设计思路与方向。

第 18 章

智能交互设计探索

未来的企业服务产品，智能和数据一定是其中最为核心的角色，没有达到一定比例智能化、自动化的产品，在未来很难有很好的竞争力。在很多新的云产品中，智能服务模块的占比部分甚至已经超过了 50%，很多传统需要人工完成的工作，已经完成完全的智能化、自动化。同时，也有很多以个人智能助理等形态，辅助用户进行工作等。

18.1 智能交互设计框架

在数字和智能驱动下，未来的智能产品设计过程应当如何开展，创新的过程应当如何思考，设计的交付形态应当是什么样子，一直是我们探索的重要课题。尤其在 B 端产品中，如何将业务场景中的数据变成设计的一部分，把智能服务能力有机地融入业务场景中，都需要经过很多体系化的思考。

一个智慧的企业服务产品形态应该具备哪些特质呢？

（1）自然交互：自然交互方式多样化，智能助理的应用

（2）服务化：功能模块的服务化

（3）数据连接：系统的社会化连接，数据实时

（4）自动化：自动化模块标准化、对象化、可配置

第 18 章 智能交互设计探索

一个新的交互设计框架，应该有能力部分覆盖产品应有的智慧特质，所以我们尝试提出了下面的智能交互设计框架（如图 18.1 所示，目前仍然是一个迭代尝试的草稿阶段）。希望通过这个框架，让产品经理、体验设计师在产品规划和设计过程中，能够更体系化地思考和开展设计。

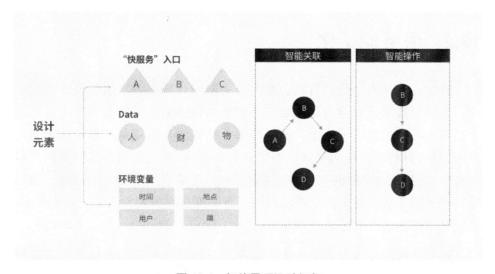

图 18.1　智能界面设计框架

草稿阶段的框架并不复杂，核心思想是把一些智能设计要点作为设计的主要变量、要求，是交互设计原型中的必要条件，必须予以涵盖。

这些智能设计要点有：

（1）功能服务化，及核心服务的列表，及潜在的业务关联分析

（2）系统产生、获得和需要的必要的数据信息，不限于人、财、物等传统业务数据对象

（3）系统和人所处物理和虚拟环境下的变量信息，不限于时间、地点、用户、端等

把这些要素关联起来，并注入传统的产品交互过程中，则形成了我们探索阶段的智能交互设计框架。我们已经开始将这种面向智能和数据的设计思想，这种新的设计框架，在新产品的设计过程中进行试点，得到了不错的反馈。最核心的变化之一就是无论是产品经理还是体验设计师，在设

计产品的早期阶段,能够更为体系化地将这些智能设计要素进行思考、整理和分析,并落入产品的交互设计过程。后续这个框架也会在实践中不断完善,也会帮助产品在早期的整体规划阶段,提供了智能化落地的一个路径。

18.2 服务原子化

最近几年开始,我们有机会参与公司新一代云服务产品的设计研发工作。智能与数据已经成为这类新产品的基本设计要素和核心竞争力。在这个过程中,我们提出了一个"原子服务"的概念,希望从产品设计形态一开始,就可以打破传统的领域模型的边界和束缚。通过应用及其服务的"原子化",将大的领域服务和业务模块打散,变成一个个独立的个体,可以独立地使用和基于场景进行灵活组装,而不再是基于人力系统、财务系统、供应链系统等进行机械地使用和划分。

而且,服务化本身也方便单一服务的升级、替换及面向用户的权限管理等。这是一种全新的产品设计理念,对传统的产品思维、设计思维,甚至内部组织和协同模式,带来了很大的冲击和挑战。图18.2展示了应用与其原子服务之间的映射关系。

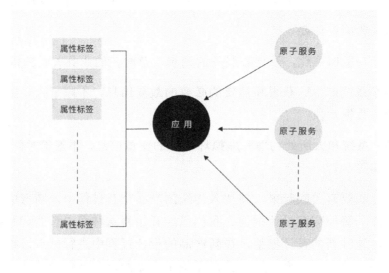

图18.2 "应用—原子服务"模型

第18章 智能交互设计探索

最初使用"原子服务"这个概念,一个是看重原子这个比较形象的颗粒度单元,另外也是希望区别技术上比较火的"微服务"的概念。原子服务从业务角度进行描述和定义,是产品中不再可以细分的业务服务能力单元。原子服务可以进行各种碎片化的基于业务场景的组装,也如上面智能框架所提到的,有了这些智能服务,才为产品真正的智能化提供基础。

应用:装载在系统中,并向用户提供服务的一个完整的实体单元,由应用服务商提供,也是进行计费等商业模式计算时的基本单元;其由若干个"原子服务"所组成,形成一系列聚合的服务。

原子服务:原子是构成应用的不可再分解的基本服务单元,也是操作系统可以进行管控、权限分配的最小单元。其也可以用被多个应用所"共享"。

通过"应用—原子服务"这样的设计形态,使业务模型和前端界面形成了完整的统一,为后续前端页面的多样性,业务服务能力的自由组装,以及之前提到的智慧界面提供了服务能力基础。如图18.3所示的框架示例,前台的用户界面基于业务场景,智能地聚合了用户所需要的各种服务,打破了传统的领域应用边界和界面形态。

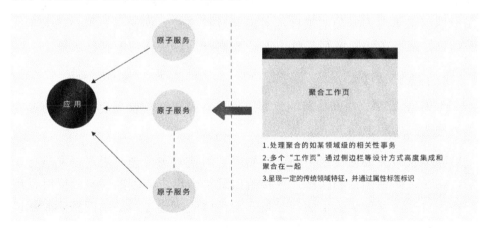

图18.3 原子服务到前端页面映射示意

18.3 语音交互的实践

18.3.1 B端产品中的语音交互场景

语音交互（VUI，Voice User Interface）方式现在已经成为万物互联的重要入口。除了在手机端搭载了语音助手之外，种类繁多的智能音箱已经成为C端互联网企业的兵家必争之地。实际上，由于C端用户使用场景的复杂性和多样性，语音助手的智能程度远未达到"类人"的水平，语音交互反而是在B端产品中有着比较实际的商用场景。

1. 智能客服

智能客服作为节约企业人工客服成本的重要辅助工具，现在已经在各类数字产品中被广泛使用。B端产品的智能客服主要是为用户提供业务操作上的帮助，因此在设计前需要对其所支持帮助场景进行规划，提供更加主动式的服务：如通过对用户信息（如账号、所属公司、已提交过的工单）的判断，主动推测用户遇到的问题并提供帮助文档链接。另外，在B端产品中，客服人员可能无法在线解决所有的业务问题或系统Bug，往往需要用户填写工单后由专门的工程师对问题进行追踪。如何引导用户在人工客服作息忙或不在线时填写工单，也是B端产品需要考虑的特殊场景。

2. 自然语言搜索

作为B端产品帮助体系的重要入口，自然语言搜索主要用于对帮助文档的搜索，如图18.4所示。

同传统的关键词搜索不同，自然语言的搜索需要先对用户语义进行识别，在通过知识图谱的匹配，直接给出最符合用户问题的答案。同时，用户使用自然语言搜索提出的问题是非常具体的，通过对这些问题的收集以及相关知识图谱的训练，有助于整个产品帮助体系智能化的提升。

用友YonSuite产品的帮助中心支持用户使用自然语言进行提问。而这个过程的前置条件除了传统的输入方式，也可以通过语音交互完成。

图 18.4 自然语言搜索示例

3. 智能硬件设备

和移动端的智能助手不同,在会议室、办公室等工作环境中,提供搭载了智能语音服务和应用的硬件设备可以帮助企业节约人工成本、提高员工的工作效率。我们设计的智能助手"小友",可以在会议室中作为助手帮助员工预定会议室、发起视频会议、记录会议纪要等。微软在未来办公室的实验计划中,也将 Cortana 作为 AI 办公秘书,通过语音交互识别参会者信息,并且将参会者引用的文档自动导入到会议纪要中。

18.3.2 B 端智能设备的探索

任何 B 端产品的终极目的都是为了提高用户工作效率。小友智能端作为用友云服务的核心入口之一,在特定工作场景中(如办公室、会议室等),为用户提供更方便快捷的"语音为主、触控为辅"的交互方式,帮助用户快速处理审批、日程、投屏、视频会议等日常办公事宜。同家用的智能音响相比,B 端的智能语音设备是一个较新的细分领域,结合 B 端场景的特殊性,我们总结出以下设计要素。

1. 特定场景下的身份识别

在办公场景下的智能设备，需要考虑到不同用户使用同一设备时的身份识别问题。如果智能设备属于某会议室，该设备需为不同的团队会议提供服务，这就需要对参会者身份进行识别；如果是在管理人员办公室使用的设备，在其单独使用时更趋向于个人设备，但如果是多人在其办公室进行小型会议的场景，该设备又会变成一个公用的智能助手。因此，办公场景下的智能设备需要全面考虑用户身份和用户使用场景，如图 18.5 所示。

图 18.5　不同场景下的身份识别

通过用户场景识别和用户身份认证，用户的意图会限定在特定的范围之内，就会比较好理解。比如一位北京分公司的总经理，在其办公室询问："今年业绩怎么样"的时候，智能设备会理解为他的首要意图是询问北京分公司今年的销售额，而不需多轮对话即可直接播报北京分公司的业绩情况。

2. 语音交互和 GUI 的合理结合

B 端智能硬件的主要交互方式应该以 VUI 为主，还是图形用户界面（GUI，Graphic User Interface）为主？对此我们经历过两个设计版本的探索（如图 18.6 所示）。

1.0 版本是一个以触控操作为主，语音交互为辅的 Pad 版智能设备。用户通过点击一个服务图标进入应用，并唤起语音助手。经过测试后，发现频繁的手动唤醒语音助手的体验非常糟糕，真正的智能助手应该是"随传随到",无须特别感知。因此在 2.0 改版开始的时候,我们尝试了使用语音完成 100%操作,屏幕只作为视觉提示的设计思路,更极端的想法是争取"干掉"在触屏端很不方便的键盘输入。

1.0版:以触控操作为主,语音交互为辅的Pad版智能设备。

2.0版:以语音作为主,触控交互为辅的智能设备。

图 18.6　智能硬件"小友"演化

然而在我们实际进行交互设计的时候发现,合理地结合语音交互与触屏操作才可以最大程度地提高用户的工作效率。例如用户询问"最近有什么安排"时,直接回答"您最近的日程如下",并通过屏幕显示日程列表,显然比逐条阅读日程安排效率更高,如图 18.7 所示。

图 18.7　语音与屏幕触控联合交互

又比如 B 端产品少不了的表单录入,如果纯粹通过语音录入和修改单据是比较耗时的,我们对此的解决方案是在少部分表单选择、模糊搜索等场景仍然保留了传统的输入方式。当然,这个交互过程应尽可能简单,尽可能以"选择"交互形态为主,如图 18.8 所示。

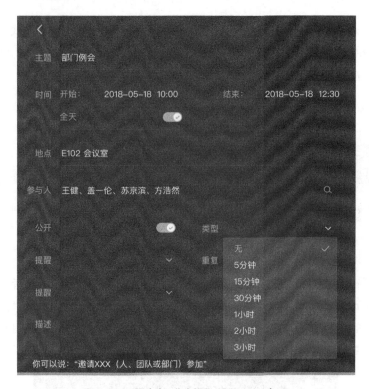

图 18.8 语音与"选择"操作共同交互

3. 流程的通用性与一致性

B 端产品中存在大量的通用指令：返回、翻页、滚动、上一页、下一页、跳转等。无论哪款应用，这类指令的语音指令和交互应尽可能保持一致或相似，让用户可以极大地减少学习和记忆成本。虽然我们推崇的是真正的自然语音交互过程，但无论从技术实现角度，还是用户交互角度来看，这种可以让用户"复制"和"举一反三"的通用设计仍然很重要。还有一种情况是某个任务流程比较通用，如"找人"在许多任务流程里都会用到，该流程设计就应该提取为一种固定的设计模式进行复用，如图 18.9 所示。

4. 语料的训练和技能的定向增强

合理的流程设计只能保证任务能够跑通，VUI 智能程度绝大程度上取决于语料的填充和机器学习。智能产品初期，对于用户意图的理解和学习是比较困难的，这也是为什么很多用于家庭的智能音箱在经过对百亿条的语料收集与学习后，才在智能程度上"略有小成"。

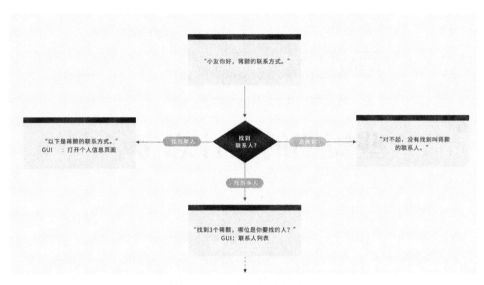

图 18.9 语音交互流程举例

前面提到过，B 端智能产品的使用场景和用户身份都比较容易确定，我们可以对用户最常使用的技能进行定向的增强设计，聚焦一个细分的场景进行语料填充和优化。比如，在 B 端产品中的"日程"可以细分为"会议日程""日常事务""无主题日程"（如图 18.10 所示），其中"会议日程"又是用户最常使用的，我们就将"会议日程"相关的语料进行广泛的填充和学习，让用户在这个细分技能上能有非常好的体验。

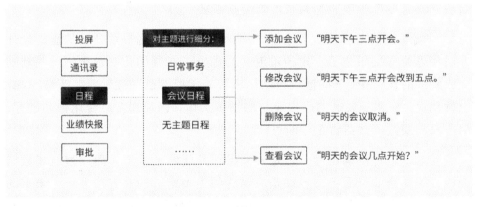

图 18.10 场景化的"语料设计"

后记

一些短期的设计思考

在 B 端产品设计实践中,我们一直在思考,如何将智能的元素更好地引入到产品设计中,使其真正成为产品的核心竞争力。并且,在这个过程中,我们也在努力跳出传统 B 端产品的设计思维,以智能为基础和突破口,做一些非典型的尝试和探索,寻找创新的设计机会。未来的企业,一定是数字化的企业,而面对未来数字化、智能化的企业,如何去进行产品规划和设计,也必须要在原有的设计思维上有所突破。

书中所提到的智慧界面、交互设计框架、语音交互产品案例等,都是在真实产品和项目中所进行的一些探索性尝试、研究和实践。在这里呈现给各位读者,也希望能为大家带来一点点启示。

B 端场景的多样性、复杂性、不确定性等,也为提炼公共的智能设计方法和理论框架带来了一定的难度。实际上,在我们正在参与的一些新的企业服务的设计中,一些模块自动化和智能化程度已经接近或者超过 50%,也就是说,原本需要真实用户参与的很多工作,已经完全后台化自动进行,用户只需要做一些监管工作即可。

当然,这种不确定性,也是未来组织发展的新常态,而以智能和数据为核心的新企业云服务,也许是应对这种不确定性的好方法之一。未来的企业和组织会向何处发展,很难给出准确的预测,不过智能化、数字化已经是很多领先企业、创新企业的共识,很多企业无论从外部经营,内部管理,已经全方位地在向实时在线的数字化发展。同时,也涌现了一批新锐的，称之为数字化原生的企业，从企业发展之初，就是以数字化作为基础，呈现出完全不同的企业特质。很多国家和组织也从整体战略层面制定了相关的发展计划，如德国的"工业4.0"等，旨在全方位提升相关产业的智能化、数字化水平，且给出了明确的发展路径和规划。

随着数字化进程的不断深入和扩大，每一位B端产品的设计者们都应该做好准备，去应对随之而来的变化和挑战。随着外部产业环境、技术、用户认知等方面的变化和发展，企业服务也会不断地迭代和发展，并不仅仅是"记录系统"的终结。当一个服务连接了无限的组织、用户、系统，并且具备生产和消费海量数据的能力，其自身可能会"进化"出完全不同的服务。在这个过程中，我们列出了应该给予关注的一些点，便于后续在产品设计中加以利用。

1. 更完善的智能基础设施

最近几年，很多产品服务的智能化，都离不开一些基础的智能服务，如自然语言理解、图像识别、语音识别与合成等。得益于这些服务所产生和提供的海量数据，也同时促进基础智能服务在技术等层面的发展与完善。与此同时，也涌现出一批以这些基础智能服务为核心的供应商，使得应用和集成这些技术的开发门槛、使用成本等都大幅降低。未来，随着智能服务的大规模体系化应用，也会更多提供基础公共智能服务的公司涌现。

基础的智能服务将会标准化，专业细分化，低成本化，这应该是未来一段时间内的明显趋势。每一位产品设计师，应该抓住这样的趋势和机会，在产品规划和设计层面，将智能作为一个重要的要素，使其既独立又紧紧与业务绑定。智能服务将从一个产品噱头，到辅助和助力产品发展，甚至逐步到以智能为核心进行设计。

2. 自然交互将全方位发展

图形用户界面（GUI，Graphic User Interface），结合实体的鼠标和键盘，已经统治PC世界的人机交互方式多年，每一次似乎有颠覆的机会，总会因为各种基础交互技术的不成熟，以及场景不匹配而失败。移动端的到来，结合先进的触摸屏，让很多交互场景发生了很大变化，真正的自然用户界面（NUI，Natural User Interface）技术开始大行其道。随之而来的是虚拟现实技术（VR，Virtual Reality）、增强现实技术（AR，Augmented Reality）、语音识别技术（SR，Speech Recognition）、自然语言处理（NLP，Natural Language Processing）等，在消费者市场和企业服务领域都逐步兴起。

在企业服务领域，除了常见的语音识别、自然语言处理等之外，在一些工程现场类服务里面，VR 和 AR 结合移动端也已经发挥了很大的作用，有很多真实的业务场景在结合了这些技术后得到了更好的解决方案。自然交互是人机交互最佳的一种形态，是对人本身物理能力和边界的最佳匹配，相信会有更多的场景值得挖掘，让自然交互更好地融入企业服务里面，甚至会颠覆很多传统的业务场景，就如同图形用户界面颠覆了传统的字符界面一样。

3. 自主业务后台与智能交互前台

在新的云服务的设计过程中，随着智能化和自动化的程度不断增加，很多业务系统后台化的趋势也同步增强。很多系统呈现了自主的、自治的进行智慧作业的趋势，用户在其中更多扮演监管者的角色。而与此同时，用户会同时与多个这样的系统同时打交道，会在不同的终端，不同的物理环境，不同的业务场景下与这些智慧的系统进行交互。

在这种趋势下，一种泛终端形态的、带有很强自然交互能力和属性的智慧前台应运而生，一方面处理所有与用户进行交互的过程，一方面处理和分析与所有与后台系统之间的数据交互。用户可以随时随地的在不同终端上唤起这样的智能交互前台，某种程度上，这是一个无处不在的智能代理和智能助手，在形态上比传统的虚拟个人助手（VPA，Virtual Personal Assistant）更为强大和有效。

我们一直坚信，以人工智能为核心的相关技术的发展，终究会彻底颠覆现有的游戏规则，人与系统的交互行为会发生本质的改变，企业服务的形态也会完全不同。我们不应该以现有的产品设计思维去应对这种变化，应该去探索新的设计形式，应对越来越自主化、自治化形态的智能系统与生态。后续，我们会在以智能为核心的产品设计层面，不断地进行更多的探索、研究与实践，希望也为推动整个企业服务产业的发展贡献一份力量，打造一个数字化的新时代。

4. 数字实体与物理实体的融合

在企业和组织走向数字化的进程中，数字实体和物理实体会逐步融合，边界会逐渐模糊。从记录系统为代表的信息化开始，物理世界的实体开始向数字世界进行低效率的单向映射，形成了实体的第一个不完全描述的数字版本。这个时候的物理世界与数字世界仍然是割裂的，两个世界真正的交互并不多，数字世界很难发挥更大的价值，驱动物理世界的发展。也就是说，这个时候的信息化系统，对于企业的生产过程的帮助仍然有限、没有办法帮助企业更有效的提升生产效率、触达商机等。

而随着物联网、大数据、人工智能技术的突破，互联网基础设施的完善，物理实体和数字实体之间的映射发生了本质的变化与突破。物理实体向数字实体的映射变的高效、全面了，理论每一个物理实体都可以以非常低廉的成本，在数字世界创建自己的分身。而与此同时，数字实体也开始走向实体世界，形成一个双向映射的新局面。

举一个有意思的例子，现在的手机支付、人脸支付，实际上货币交易过程、身份识别过程，以及二维码，都可以认为是数字实体向现实的物理世界的一个投影。二者之间泾渭分明的边界，已经被打破了，而这带来了大量的创新场景等待挖掘。产品的设计思维也应转换，改变传统的更多面向数字实体的方式，更多的融合的去思考两个实体世界，融合的进行产品设计，也许会带来更大的成功。

文字是知识的载体，学习永无止境。最后，我们也向读者推荐一些关于企业、产品、设计的图书和文章。这些作品的内容、观点和思想不仅对本书的写作大有裨益，还广泛影响着行业内外的从业者。希望读者在合上本书时，能发现更多的知识之美。

《会计简史：从结绳记事到信息化》

《企业的本质》

《任正非：商业的本质》

《采购与供应链管理：一个实践者的角度》

《习惯：习惯的力量》

《设计心理学》

《认知心理学》

《工业设计思想基础》

《可用性工程》

《重生的设计：可持续的品牌战略》

《About Face3 交互设计精髓》

《谁说大象不能跳舞？》

《语音用户界面设计:对话式体验设计原则》

《3D 用户界面设计与评估》

《B 端产品经理必修课：从业务逻辑到产品构建全攻略》

Beyond the Desktop Metaphor: A new way of navigating, searching, and organizing personal digital data